W0253367

DER KOMMERZIELLE HUBSCHRAUBERVERKEHR

von

DKFM. DR. HERWIG PÖTZLEITNER
WIEN

SPRINGER-VERLAG WIEN GMBH
1958

ISBN 978-3-662-24313-8 ISBN 978-3-662-26428-7 (eBook)
DOI 10.1007/978-3-662-26428-7

VORWORT DES HERAUSGEBERS

Das Institut für Transportwirtschaft an der Hochschule für Welthandel in Wien hat die Aufgabe, vom betriebswirtschaftlichen Blickpunkt aus Fragen und Problemstellungen, die sich im Zuge der modernen Verkehrsentwicklung ergeben, zu studieren, die wissenschaftliche Grundlage für solche Studien zu erarbeiten und die Ergebnisse diesbezüglicher Arbeiten, die im Zuge des Lehr- und Studienbetriebes anfallen, zu publizieren.

Die vorliegende Publikation ist die Frucht solcher Bemühungen. In der Entwicklung des Luftverkehrs hat, unter dem Einfluß der militärischen und sicherheitspolizeilichen Verwendung, die Konstruktion eines durch Drehflügel (Rotore) im Luftraum gehaltenen und bewegten Vehikels eine Verwendungsreife erlangt, die dieses Luftfahrzeug auch für erwerbswirtschaftliche Zielsetzungen dienstbar macht. Die rasch sich entfaltende technische Entwicklung auf allen Gebieten der Luftfahrt fand in diesem Fahrzeug eine auch die breite Öffentlichkeit interessierende Konkretisierung, so daß es nicht Wunder nehmen darf, wenn in manchen Punkten übersteigerte Erwartungen an die Verwendung sich knüpfen. Es scheint bei diesem Stande notwendig, aus den wenigen bisher zur Verfügung stehenden Quellen und Nachweisungen alle jene Angaben zusammenzutragen, die für eine betriebswirtschaftliche Beurteilung nötig sind. Die vorliegende Arbeit, die diese Zielsetzung hat, kann auf diese Art und Weise über Kosten und Kostenrechnung im Hubschrauberverkehr an Hand der theoretischen Grundlage, die der Herausgeber in seiner „Transport-Betriebswirtschaft im Grundriß", Wien 1957, zu legen versuchte, wissenschaftlich und praktisch relevantes Material für eine breitere Öffentlichkeit zugänglich machen. Als besonders wertvolle Frucht ergeben diese Bemühungen eine objektive Beurteilung der kostenoptimalen Auflagengröße, d. h. der Transportweiten, für welche dieses Luftfahrzeug nach dem heutigen Stande der technischen Entwicklung und den heute aktuellen Ansätzen der Kosteneinsatzwerte in Frage kommt. (Die gedrängte Fassung ist dem Autor durch den zur Verfügung stehenden Raum aufgezwungen worden.)

Der Herausgeber hofft, daß diese Arbeit, die in dem von ihm geleiteten Institut entstanden ist, dazu beitragen kann (wohl im Zusammenhalt mit den übrigen den Hubschrauber-, Helikopter-Verkehr betreffenden Publikationen und Zeitschriftenbeiträgen), Klärung zu geben und daß sie das Interesse findet, das über den Kreis der unmittelbar an der Luftfahrt Interessierten hinausgeht. Es scheint gerade vom Standpunkte der betriebswirtschaftlichen Betrachtung der Phänomene der Transportwirtschaft erwünscht und notwendig, daß alle Konkretisierungen der jüngsten technischen Entwicklung durch Einzelunternehmungen daraufhin betrachtet werden, ob einerseits die neuere betriebswirtschaftliche Theorie durch sie verifiziert wird und ob andererseits eben durch das Eingehen auf die technische Eigenart der betriebswirtschaftlichen Theorie Ansatzpunkte gefunden werden, von welchen aus die Theorie vertiefend und die Erkenntnis schärfend weiter fortschreiten kann.

o. Prof. Dr. Leopold L. Illetschko

I. STAND UND ENTWICKLUNG IM DERZEITIGEN HUBSCHRAUBERVERKEHR

Die technischen Merkmale des Hubschraubers

1. Definition des Hubschraubers — Gliederung der Luftfahrzeuge nach ICAO

„Der Hubschrauber ist ein Luftfahrzeug, das seinen Auftrieb hauptsächlich durch motorisch angetriebene, horizontal umlaufende Drehflügel (Rotore) erhält.[1])

Aus der Gliederung der Luftfahrzeuge nach der ICAO[2]), die nachfolgend wiedergegeben wird, ist die Stellung, die der Hubschrauber unter den übrigen Fluggeräten einnimmt, zu ersehen.

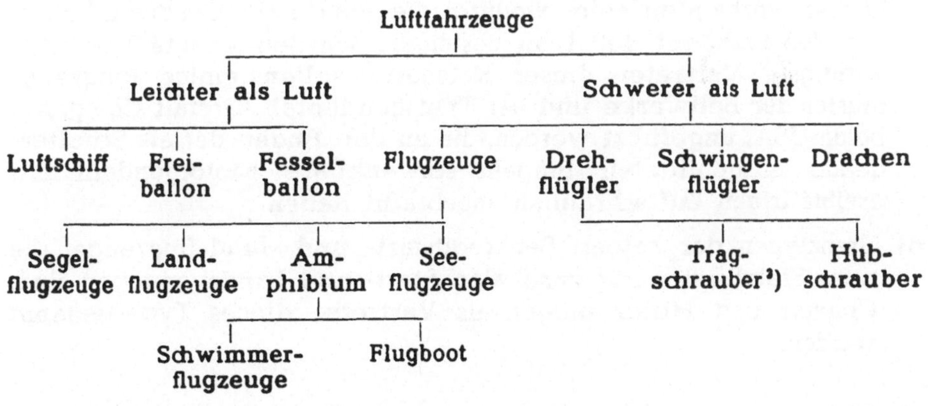

[1]) Fay John: „So fliegt ein Hubschrauber", Aeroverlag Zürich 1954.

[2]) International Civil Aviation Organisation.

[3]) Der Tragschrauber ist ein normales Motorflugzeug, das seinen Auftrieb größtenteils durch Drehflügel erhält, die in horizontaler Ebene frei herumlaufen.

2. Die verschiedenen Hubschraubertypen

Die rasch steigende Produktion der vergangenen Jahre auf dem Sektor des Hubschrauberwesens hat innerhalb dieses Flugzeugmusters eine große Vielfalt von Typen erstehen lassen. Es scheint unerlässlich, kurz darauf einzugehen. Es sei deshalb in verkürzter Form eine von Sikorsky getroffene Einteilung gebracht, in der er versucht, die mannigfaltigen Flugzeugformen auf diesem Gebiet methodisch zu erfassen. Sikorsky unterscheidet:

a) Einfache Typen, wie sie der oben gegebenen Definition genau entsprechen. Die bekanntesten Vertreter solcher Flugzeugmuster sind Sikorsky, Bell, Bristol, Hiller und Piasecki.

b) Compound Planes [4]): Hier handelt es sich um Starrflügler, die ihren Auftrieb durch Flügel, ihre Vorwärtsbewegung durch Motor und Luftschraube beziehungsweise Rückstoßtriebwerk erhalten und sich von normalen Starrflüglern nur dadurch unterscheiden, daß ein oder mehrere Hubschrauben einen Teil des Auftriebes, eventuell nur bei Start und Landung, übernehmen. — Zu dieser Gruppe zählen die verschiedenen Typen der Fairey Werke in England — die Fairey Rotodyne mit einer Sitzplatzkapazität von 40 soll 1958 als Verkehrsflugzeug herausgebracht werden — ferner verschiedene Flugzeugmuster der GCA [5]), die Farfadet der SO-Gesellschaft in Frankreich, um nur einige zu nennen.

c) Convertible Planes [6]): Dies sind solche, bei denen eine oder mehrere Hubschrauben zuerst den Auftrieb übernehmen und dann mit fortschreitender Geschwindigkeit durch Schwenken derselben den Zug für die Vorwärtsbewegung bewirken. Tragflächen können vorhanden sein, wodurch die maximale Geschwindigkeit von 240 kmh auf 400 kmh gesteigert werden könnte [7]). — Als wichtigste Vertreter dieser Kategorie sollen einige Flugzeugmuster der Bellwerke und der Transcendental Aircraft Company, beide USA, angeführt werden, die an den Enden der als Schulterdecker ausgebildeten Flügeln schwenkbare Motorgondeln mit dreiblättrigen Luftschrauben angebracht haben.

d) Grenztypen der reinen Senkrechtstart- und -landeflugzeuge, die reine Starrflügler mit vertikalem Start- und Landevermögen sind. Convair und Hiller mögen als Vertreter dieses Typs genannt werden.

---

[4]) Verbundflugzeuge.

[5]) Gyrodyne Company of America.

[6]) Wandelflugzeuge.

[7]) Diese Ansicht wurde von Dr. K. Hohenemser während seiner Ausführungen anläßlich des Kongresses des Franklin-Institutes in Philadelphia 1949 geäußert.

3. Betriebsmerkmale des Hubschraubers

Der Auftrieb des Hubschraubers wird durch die von einem Motor angetriebenen Rotorblätter erzielt, sobald die einzelnen Blätter auf einen Mindestanstellwinkel gebracht worden sind.[8]) Auftriebsveränderungen werden besser durch eine Veränderung dieses Anstellwinkels als durch raschere Umdrehung des Rotors erreicht. Die eben erwähnten Manöver werden mittels eines Hebels für kollektive Steigungsverstellung durchgeführt. Die Gasregelung erfolgt durch einen Drehgriff an demselben Hebel.

Die Vorwärtsbewegung des Hubschraubers wird durch ein Nach-vorne-Kippen der Rotorscheibe bewirkt. Die Neigung der Rotorscheibe wird durch die zyklische Steigungsverstellung der einzelnen Rotorblätter erreicht, das heißt, die durch die unterschiedliche Veränderung des Anstellwinkels der einzelnen Rotorblätter erhaltenen verschieden starken Auftriebskräfte bewirken eine Steigungszunahme der rücklaufenden und eine Steigungsabnahme der vorlaufenden Blätter.[9]) Die damit verbundene Schwerpunktverlagerung und das Vorwärtskippen des Rumpfes kann konstruktiv durch eine leicht vornübergeneigte Rotornabe und Antriebswelle vermindert werden. Die Steuerung der zyklischen Blattverstellung wird über eine Taumelscheibe (Azimuth-Stern) durch den Steuerknüppel für zyklische Steigungsverstellung bewirkt. Einer bestimmten Druckrichtung auf den Steuerknüppel entspricht eine gleichartige Flugrichtung.

Durch die Tätigkeit der Rotorblätter entsteht ein Drehmoment des Rumpfes im gegenläufigen Sinne, dessen Ausgleich durch einen Heckmotor herbeigeführt werden kann. Die durch zwei Pedale mögliche Beeinflussung der Größe des Anstellwinkels der Heckrotorblätter gibt die Möglichkeit einer Richtungskorrektur beziehungsweise -änderung des Hubschraubers. Der Drehmomentausgleich durch den Heckmotor hat eine seitliche Abtrift zur Folge, die durch eine leichte Schrägstellung der Antriebswelle ausgeglichen werden kann, daraus resultiert wieder die Tendenz des Rumpfes zu rollen, die jedoch ebenfalls konstruktiv ausgeglichen werden kann.[10])

Eine im Hubschrauberwesen sehr wichtige Tatsache ist die des Bodeneffektes, worunter man einen zusätzlichen Auftrieb versteht,

---

[8]) Drehgelenke zwischen Rotornabe und den einzelnen Blättern sind daher erforderlich.

[9]) Die vertikale Bewegung der Blätter gestatten die zu diesem Zweck angebrachten Schlaggelenke zwischen Rotornabe und den einzelnen Blättern. – Schwenkgelenke bei den einzelnen Blättern werden gebraucht, um die durch den Hook'schen Gelenkeffekt, den Corioliseffekt und die periodischen Schlagveränderungen auftretenden Biegmomente zu vermeiden.

[10]) So hat die Bell-47 aus Gründen der Stabilität eine mit Gewichten beschwerte Stange unter dem Rotor angebracht; bei den Hiller-Helikoptern laufen zwei im rechten Winkel zu den Rotorblättern eingesetzte Pedale um.

der durch das Zusammendrücken der Luft zwischen den umlaufenden Rotorblättern und dem Boden entsteht. Dieses Faktum gestattet es dem Hubschrauber, selbst in größeren Höhen Flüge in Bodennähe durchzuführen. — Ganz allgemein kann auch festgestellt werden, daß die erreichbare Gipfelhöhe im Vorwärtsflug bedeutend größer ist als im Schwirrflug. Eine theoretische Höchstgeschwindigkeit für jeden Hubschrauber ist durch den bei zunehmender Geschwindigkeit desselben stetig wachsenden, von den Rotorblattspitzen ausgehenden, Absackungsbereich von vornherein gegeben.

Für die Sicherheit des Verkehrsmittels Hubschrauber ist die Möglichkeit der Autorotation von ausschlaggebender Bedeutung. Autorotation läßt sich definieren als „Verfahren der Auftriebserzeugung bei frei umlaufenden Flügeln mittels aerodynamischer Kräfte aus einer aufwärtsgerichteten Luftströmung." [11])

Eine Gegenüberstellung der Verhaltungsweisen eines Starr- und Drehflüglers bei Minimal- und Maximalgeschwindigkeiten, die aus Ginoux's Heliokoptertheorie [12]) entnommen ist, soll diese technischen Betrachtungen abschließen.

Der Gesamtwiderstand Wu eines Starrflüglers setzt sich aus dem schädlichen Widerstand Wf und dem induzierten Widerstand Wi zusammen.

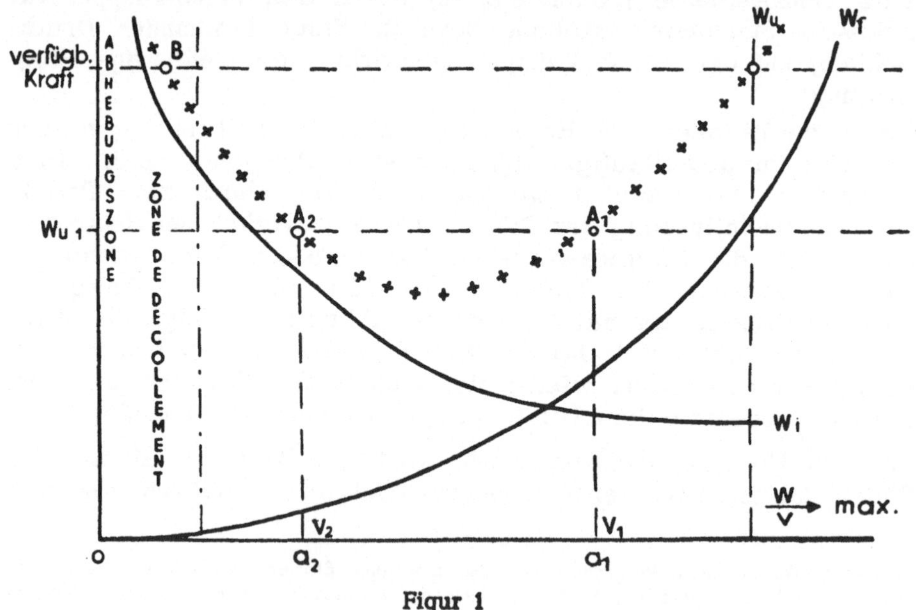

Figur 1

---

11) Fay, a. a. O.

12) Ginoux Jean-J.: Théorie des Hélicoptèrs Monorotores; Office de Publicité S. A., Bruxelles 1954.

Für eine bestimmte Geschwindigkeit ist er minimal und ergibt sonst bei gegebener Antriebskraft zwei Punkte entweder höhere Geschwindigkeit und niederen Anstellwinkel A1 oder kleinere Geschwindigkeit und höheren Anstellwinkel A2. Die größte Antriebskraft bewirkt den Punkt der größeren Geschwindigkeit Vm; ihr entspricht der Punkt B mit stärkstem Anstellwinkel bei kleinster Geschwindigkeit. Die Abhebungszone bei Starrflüglern liegt also im Bereich der kleinsten Geschwindigkeit (siehe Fig. 1).

Neben dem schädlichen und dem induzierten Widerstand der Starrflügler resultiert für den Hubschrauber noch eine dritte Widerstandskomponente Wo durch die umlaufenden Rotorblätter. Auch hier gibt es bei einer bestimmten Geschwindigkeitsstufe einen Punkt des geringsten Widerstandes und der größten Antriebsleistung, dem die Maximalgeschwindigkeit im Punkte C entspricht. Die eigentliche Abhebungszone fällt jedoch durch die Besonderheit der translatorischen Fortbewegung des Helikopters in den Bereich der größten Geschwindigkeiten. Lassen wir M. Ginoux selbst den Beweis führen: „Or, on peut montrer que l'incidence [13]) de la pale qui recule doit augmenter lorsque la vitesse de translation de l'hélicoptère augmente et en fait, on atteint généralement le régime de décollement de l'air sur la pale, donc la vitesse maximum, avant d'être limité par la puissance." [14])

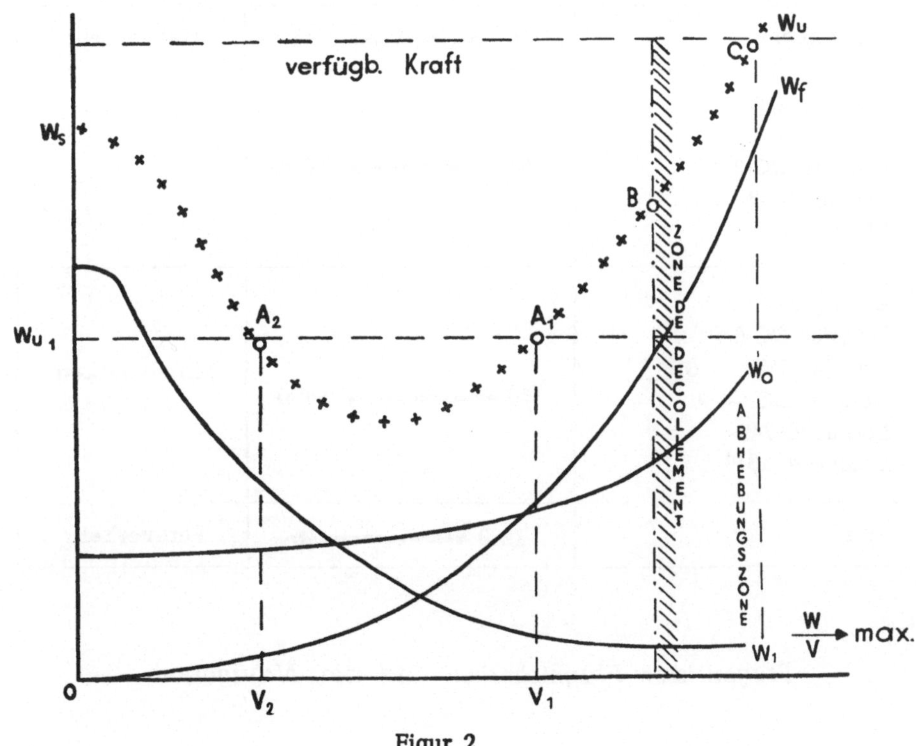

Figur 2

[13]) Anstellwinkel.

[14]) Vergleiche diesbezüglich das oben Gesagte über die erreichbare Gipfelhöhe im Vorwärts- und im Schwirrflug.

Definition des Hubschraubers in verkehrsmäßiger Hinsicht

Unter Hubschrauber soll im weiteren Verlauf der Arbeit jenes Nahverkehrsmittel der Luftfahrt verstanden werden, dem eine senkrechte Start- und Landefähigkeit innewohnt, wobei es in der Natur der Sache liegt, daß es in Abhängigkeit vom Verkehrsaufkommen bei relativ kleiner Einheit relativ häufig fliegt. Dem Begriff Hubschrauber ist jener des Helikopters und des Drehflüglers gleichzusetzen. Bleibt noch, den Begriff des Luftnahverkehrs zu klären. Diesem Zweck diene eine graphische Darstellung nach Mr. Grahame, H. Aldrich.[15])

Zukünftiger Einsatz von Fluggeräten im Nah-, Mittelstrecken- und Fernluftverkehr

Flugzeuggattung bzw. -type	Länge der Fluglinie in km	Bemerkungen
Helikopters	50 —— 450	Nahverkehr
Convair 240 Convair 340 Douglas DC-3 Martin 2-0-2 Martin 4-0-4	50 —— ? —— 720	
Boeing 377 Douglas DC-6 Douglas DC — 6B Douglas DC — 7 Lockheed 749 Lockheed 1049	360 —— 1800	Mittelstrecken-verkehr
Jets	1260 ——→	Fernverkehr

Fragen der Flugsicherheit und der Navigation

Die Streckensicherung im Luftverkehr ist denen der übrigen Verkehrszweige wesentlich überlegen, da sich in der Luftfahrt die verschiedenen Verkehrsströme auf verschiedenen Ebenen bewegen,

[15]) Entnommen aus Aviation Age, März 1954, „Airline Passenger Market ... The next 10 Years".

worauf in der Folge noch kurz eingegangen wird. Vorwegnehmend sei noch betont, daß die bisher für Starrflügler entwickelten Navigationshilfen für die Flugdurchführung durch Drehflügler nicht befriedigend sind. Der Hubschrauber ist ein Kurzstreckenverkehrsmittel und seine durchschnittliche Flughöhe bewegt sich um 600 Meter. Es ist deshalb nicht nur wünschenswert, sondern im Interesse der öffentlichen Sicherheit und der exakten Flugzuführung absolut erforderlich, daß bei geringerer Flughöhe für Navigationshilfen mit dem größtmöglichen Grad von Genauigkeit und Zuverlässigkeit Sorge getragen wird.

1. Die Flugsicherungskontrolle

Vier Verantwortungsbereiche teilen sich die Aufgabe, die Durchführung eines sicheren, geordneten und schnellen Luftverkehrs zu übernehmen.

a) Die FS-Flughafenkontrolle: Der Flughafenkontrollbeamte ist für den gesamten Verkehr auf der Verkehrsfläche eines Flughafens und für alle in Flughafennähe fliegenden Luftfahrzeuge verantwortlich. Seine Pflicht ist es, „den gesamten Verkehr (also auch den der Gepäckswagen, Loren, Trecker etc.) auf dem Rollfeld und die Flugzeuge, die sich in unmittelbarer Nähe des Flughafens mit Bodensicht befinden, ausreichend zu beaufsichtigen".[16])

b) Die FS-Anflugkontrolle: Der FS-Anflugkontrolleur wird benötigt, wenn schlechte Sicht herrscht und die Maschine „blind" fliegen muß. Mit Hilfe geeigneter Heruntersprechverfahren leitet dieser FS-Beamte das Flugzeug sicher zum Flughafen. Sein Verantwortungsbereich erstreckt sich auf alle innerhalb eines Aktionsradius von rund 55 km fliegenden Maschinen, wobei als Regel gilt, daß die startende Maschine niedriger ausfliegen und die landenden Maschinen darüber einfliegen.

c) FS-Kontrollbezirke: Solche Kontrollbezirke werden in Form von Korridoren oder Luftstraßen gebildet. Unter Luftstraßen versteht man Luftwege, die seitlich und in der Höhe durch sogenannte Funkfeuer markiert sind. „Als Funkfeuer bezeichnet man radioelektrische Wegweiser verschiedener Bauart, welche fortwährend und je nach ihrer Bedeutung für den Luftverkehr zwei bis drei Buchstaben in Morsezeichen als Kennung aussenden. In Europa beträgt die Entfernung zwischen zwei solchen Funkfeuern durchschnittlich 45 nautische Meilen (81,25 km). Die gerade Verbindung von einem Sender zum anderen bildet die Achse der Luftstraße, welche eine Breite von 10 nautischen Meilen (18,5 km) aufweist.

[16]) Entnommen aus James & Stroud; Die Beherrschung der Luft. Safari-Verlag, Berlin 1954.

Die in Europa vorhandenen Luftstraßen werden mit Farben und Zahlen näher bezeichnet." [17]) Aufgabe der FS-Bezirkskontrolle wird es sein, beständig die Positionen aller Luftfahrzeuge ihres Bezirkes auf deren Route zu überwachen. Ist ein Radargerät zum Absuchen des Gebietes nicht vorhanden, so sind die Kontrollore auf die Standortmeldungen der Piloten durch Funkverkehr angewiesen, worunter allerdings die Genauigkeit der Feststellungen leidet.[18]) In unmittelbarer Zusammenarbeit damit steht der vierte Sektor der FS-Flugkontrolle.

d) Der FS-Informationsdienst: Die ausschließliche Aufgabe des FS-Informationsdienstes ist es, dem Piloten beratend zu helfen, sei es, um die Auskünfte über die Position anderer Flugzeuge zu geben, sei es, um dem Flugzeugführer navigatorische Hinweise und letzte Wettermeldungen zu übermitteln. Ein ausgebautes Meldewesen zwischen den einzelnen Kontrollstellen und den Flugzeugen sowie technische Hilfen, wie z. B. das Display-Equipment[19]), die es dem Informationsdienst ermöglichen, die Verkehrslage seiner FIR [20]) sofort zu überblicken, sind dafür unbedingte Voraussetzungen. Aus diesem Grunde ist es auch verständlich, daß der FS-Informationsdienst von jedem abfliegenden Flugzeug seines Gebietes einen Flugplan benötigt, der Strecke, Bestimmungsort, beabsichtigte Reiseflughöhe, Geschwindigkeit und Funkrufzeichen des Flugzeuges enthält, ferner Ab- und Anflugzeiten, Treibstoffmenge und Ausweichflughäfen. Der Flugplan wird mit den Verhältnissen der Gesamtverkehrslage abgestimmt und erst dann erfolgt die Freigabe des Flugzeuges zum Start.

2. Navigationshilfen des Helikopterverkehrs

Aus der großen Vielzahl der möglichen elektronischen Systeme und Erfindungen verdienen drei Gruppen von Navigationshilfen als für den Helikopterverkehr in Frage kommend Beachtung.

Gruppe I: VHF Omni-Directional Range, Distance Measuring Equipment; Lf/MF Four-Course Radio Range und Lf/MF Non-Directional Beacons.

Die Anschaffungskosten dieses Systems sind ziemlich hoch und ihr großes Fluggewicht nachteilhaft. Die dem Piloten übermittelten Informationen

---

[17]) Entnommen aus dem Schweizer Archiv für Verkehr (10/3/300). Für die Nord-Süd-Strecken gilt Amber, für die West-Ost-Strecken grün; die Querverbindungen sind durch rote Farben gekennzeichnet, die Verbindungs- und Zubringerluftstraßen – Feederlines – durch blaue Farbe.

[18]) Die Meldepunkte sind üblicherweise ebenfalls durch Funkfeuer markiert.

[19]) Für die Kontrolle von Luftfahrzeugen auf den Luftstraßen wird der sogenannte Flight Progress Board verwendet, eine Art Kartentisch, wo in Metallklammern gefaßte Papierstreifen – die Flugzeuge symbolisch darstellend – auf senkrecht angebrachten Schienen herauf- und heruntergeschoben werden können.

[20]) Flight Information Region.

müssen durch ihn erst umgedeutet werden, damit er die Position seines Flugzeuges feststellen kann. Das Niederfrequenzsystem unterliegt außerdem hohen statischen oder atmosphärischen Geräuschbedingungen; das Hochfrequenzsystem anderseits verwirklicht sich nur auf die optische Sichtgrenze und gibt im Zusammenhang mit der Beschaffenheit des Bodens rund um Bodenstationen zu Irrtümern Anlaß.

Gruppe II: DECCA, LORAN, CONSUL u. a.

Von allen diesen Systemen scheint Decca am besten den Anforderungen an Helikopternavigationshilfen zu entsprechen; das Decca-System ist flächenumfassend und gestattet, jeden gewünchten Flugweg oder eine Serie von Flugwegen, wie Ausweichrouten, zu befliegen. Das Flight Log gibt eine bildliche Darstellung der geographischen Positionen des Helikopters zu jeder Zeit. Die Flight Log Karten zeigen allerdings einige Verzerrungen, die jedoch für kurze Flugrouten gänzlich unberücksichtigenswert sind. Zweifel hingegen werden gehegt bezüglich der Zuverlässigkeit des Systems bei Gewittern und Niederschlagstätigkeit.

Gruppe III: Flugradargeräte

Derartige Apparate sind noch sehr schwer, doch soll ein geringgewichtiges Radarfluggerät für Helikopter in Entwicklung sein. Flugradar benötigt keine Bodeneinrichtungen und scheint vor allem als Landehilfe einigen Wert zu besitzen. Hinsichtlich der Reichweite brauchen für Hubschrauber nicht dieselben strengen Anordnungen gemacht werden wie für Starrflügler.

Nicht unberücksichtigt sollen die visuellen Flughilfen bleiben, doch ist es fraglich, ob sie infolge ihrer Abhängigkeit vom Wetter als primäre Navigationshilfen angewandt werden können. Ihr Nachteil besteht in der großen Anzahl, die dazu benötigt wird, in den Kosten der Grundstücksanschaffung sowie der Einrichtung und Wartung.

Abschließend kann gesagt werden, daß ein vollwertiges Helikopternavigationssystem folgende allgemeine Merkmale beinhalten muß:

1. Drehflügler müssen eigene Flugverkehrsbahnen in niedrigeren Höhen (unter bzw. bis 600 m) benützen können, sodaß eine ausreichende Höhendifferenz zwischen Starr- und Drehflügler absolut gegeben ist. Führt ein Hubschrauber aus irgend einem Grund seine Flüge in größeren Höhen durch, so hat derselbe den für diese Flugzeuge angewandten Maßnahmen nachzukommen.
   Um die vorgesehenen Flugoperationen bestmöglich durchzuführen, muß das im Hubschrauberverkehr verwendete Navigationssystem eine größere Zahl von Flugrouten zwischen zwei beliebigen Punkten mit ausreichender Genauigkeit ermitteln lassen, damit der notwendige seitliche Sicherheitsabstand auf ein Minimum reduziert werden kann.
2. Entsprechend den genaueren Flugkontrollen sollte für den vorgesehenen Helikopterverkehr die Breite der Luftstraßen von 18,5 km auf 5,5 km reduziert werden.
3. Für eine zeitliche oder räumliche Separierung für Flüge auf der gleichen Relation muß Vorsorge getroffen werden.

4. In größeren Flughafenzonen sollte die Breite der Helikopterflugbahn nur rund 2 km betragen. Desgleichen scheint es in solchen Gebieten notwendig und richtig, den Höhenabstand zwischen den einzelnen Flugzeugen auf wenigstens 150 m zu beschränken.
5. Die starken Verkehrsströme eines hochintensiven Helikopterverkehrs werden die Entwicklung eines elektronischen Geräts zum Zwecke der automatischen Luftverkehrskontrolle herbeiführen.
6. Den Anflughilfen in überfüllten Flughafenzonen sollte eine ausreichende Staffelungsmöglichkeit der Hubschrauber über kleiner Bodenfläche beigegeben sein.
7. Vom Standpunkt der Sicherheit, Zuverlässigkeit und der Wirtschaftlichkeit wäre es wünschenswert, ein und dieselbe Flughilfe für Vorgänge während der Landungen (und Starts) und während des Fluges verwenden zu können.
8. Mit Hilfe des Anfluggerätes sollte es möglich sein, die zugewiesene Einflugbahn innerhalb einer erlaubbaren Abweichung von plus oder minus 30 m von der Hauptlinie zu halten.
9. Bei reiner Instrumentenlandung sollten für den Hubschrauber im Anflug bei einem Winkel von sieben Grad eine Vorwärtsgeschwindigkeit von 75 kmh oder weniger und ca. 150 m pro Minute vorgeschrieben sein.
10. Die laufenden Entwicklungen des Radars, die vor Kollisionen warnen, scheinen auch im Helikopterverkehr anwendbar. Eine Reichweite von 18 km dürfte ausreichen.
11. Der nur bei genauester Handhabe der Manöver garantierte reibungslose Ablauf des Helikopterverkehrs beim Anflug zur Landung sowie die Notwendigkeit der Verminderung der vertikalen Abstände betont deutlich die Notwendigkeit zur Entwicklung von genauen Geschwindigkeits- und Höhenmessungen.

Grundlage jedes Systems bleibt implicite Gewicht, Kompaktheit, Einfachheit der Handhabung, Zuverlässigkeit, Klarheit der gegebenen Informationen und Wirtschaftlichkeit der Anschaffung und Wartung.[21])

Die rechtlichen Grundlagen

Ein eigenes Hubschrauberverkehrsgesetz ist weder für die Gesamtheit noch für ein einzelnes Land der Helikopterverkehr betreibenden

---

[21]) Nach einem Bericht von J. E. Gallagher „A Navigation System for Helicopters". Institut of Aeron. Science Building, Los Angeles 1955.

Staaten ausgearbeitet worden.[22]) Im Gegensatz zu einer globalen Behandlung der technischen Grundlagen beziehungsweise Merkmale im Hubschrauberverkehr müßte die Betrachtung der diesbezüglichen Rechtssätze, abgesehen von den internationalen Vereinbarungen, auf die nationale Regelung des Luftverkehrs jedes dieser Länder eingehen. Dieser Abschnitt beschränkt sich auf die für Österreich gültigen, den Luftverkehr betreffenden Abmachungen und Gesetze.

„Die der Luftfahrt eigentümliche Eigenschaft ist ihre Internationalität. Zur Ausübung des Luftverkehrs sind daher internationale Vorschriften erforderlich; lediglich diese können die geeignete Grundlage für eine ordnungsmäßige Regelung des Luftverkehrs bilden. Den nationalen Vorschriften kann immer nur sekundäre Bedeutung zukommen; sie müßten sich im übrigen eng an die internationalen Vorschriften anlehnen, wenn sie die Ausübung des Luftverkehrs nicht stören wollen" [23]). Die Worte eines international anerkannten Rechtsexperten seien angeführt, um gleich vorweg auf eine im Verkehrswesen und besonders im Luftfahrtwesen charakteristische Tatsache hinzuweisen; nicht die aufbauende Tätigkeit der Rechtssprechung der einzelnen nationalen Staatengebilde gibt die Grundlage für ein umfassendes internationales Gesetz, sondern zuerst wird internationales Recht gesetzt und diese Rechtssätze werden dann in die nationale Rechtssprechung der einzelnen Staaten übernommen. So gesehen ist also der Vorgang der Rechtssprechung im Bereiche des Verkehrswesens vorwiegend retrograd.

1. Abkommen über die internationale Zivilluftfahrt: Dem in Chicago am 7. Dezember 1944 abgeschlossenen und am 4. April 1947 [24]) in Kraft getretenen Abkommen über die internationale Zivilluftfahrt ist Österreich in der zweiten Vollversammlung der ICAO in Genf im Juni 1948 beigetreten. Die Ziele der ICAO sind im Artikel 44 der Abmachung wie folgt umrissen:

a) „Für ein sicheres und geordnetes Gedeihen der internationalen Zivilluftfahrt in der ganzen Welt zu sorgen.

b) Die Kunst des Baues der Luftfahrzeuge und den Betrieb zu friedlichen Zwecken zu verbessern.

c) Die Entwicklung der Flugstrecken, Flughäfen und Luftverkehrseinrichtungen für die internationale Zivilluftfahrt zu fördern.

d) Den Bedürfnissen der Völker der Welt auf eine sichere, regelmäßige, leistungsfähige und wirtschaftliche Luftbeförderung zu entsprechen.

---

[22]) Die jährlich abgehaltenen Hubschrauberkonferenzen befassen sich vor allem mit Fragen der technischen Vervollkommnung und der Wirtschaftlichkeit.

[23]) Entnommen aus Meyer Alex: Internationale Luftfahrtabkommen, Seite VII, Carl Heymanns-verlag KG., Köln-Berlin 1953.

[24]) Die durch dieses Abkommen geschaffene Organisation trägt den Namen „International Civil Aviation Organisation" — ICAO; die für die Zwischenzeit geschaffene und von den einzelnen Staaten akzeptierten „Vereinbarungen" sowie die damit entstandene „Provisional International Civil Aviation Organisation" — PICAO — endigten gleichzeitig.

e) Der wirtschaftlichen Verschwendung, hervorgerufen durch unsachgemäßen Wettbewerb, vorzubeugen.

f) Zu gewährleisten, daß die Rechte der Vertragsstaaten voll beachtet werden und daß für jeden Vertragsstaat eine angemessene Möglichkeit besteht, internationale Luftlinien zu betreiben.

g) Eine unterschiedliche Behandlung der Vertragsstaaten zu vermeiden.

h) Die Sicherheit der Flüge im internationalen Luftverkehr zu erhöhen.

i) Ganz allgemein die Entwicklung der internationalen Zivilluftfahrt in jeder Hinsicht zu fördern."

Im wesentlichen wurde das Abkommen auf dem Gedankengut der CINA[25]) aufgebaut; weltwirtschaftlich gesehen scheint es jedoch, als sollte der ICAO auf der Stufe des Verkehrs dieselbe Bedeutung zukommen, die die ITO[26]) auf der Stufe des Handels einnimmt. Eine multilaterale Regelung des kommerziellen internationalen Linienluftverkehrs ist allerdings infolge der Einsprüche Frankreichs und Englands nicht erreicht worden. Es wurde also weiterhin bestimmt, „daß jede planmäßige Luftverkehrslinie in das Gebiet oder über das Gebiet eines anderen Vertragsstaates nur mit besonderer Erlaubnis des Einflugstaates errichtet und betrieben werden könnte." Die miteinander Luftverkehr betreiben wollenden Staaten müssen also erneut zweiseitige Luftlinienvereinbarungen treffen; wollen sich einzelne Mitgliedsstaaten Luftverkehrsfreiheiten auf multilateraler Basis gewähren, so steht es ihnen dennoch frei, den in Chicago zu diesem Zweck aufgelegten Transit- und Transportvereinbarungen beizutreten. Die ICAO mit ihrem Sitz in Montreal, der 56 Mitgliedstaaten angehören,[27]) zeigt folgendes Organisationsschema (siehe Tabelle, S. 17).

2. Andere internationale Abkommen: Eine andere weltweite Organisation der Luftfahrt, die vor allem auf dem Gebiet der Verkehrs-

---

[25]) Commission Internationale de Navigation Aérienne

[26]) International Trade Organisation.

[27] Russland hat die Teilnahme abgelehnt.

[28]) Entnommen Meyer a. a. O.

[29]) Aerodromes, Air Routes and Ground Aids Division — Unterausschuß für Flughäfen, Luftwege und Bodenorganisation.

[30]) Accident Investigation Division — Unterausschuß für Unfallsuntersuchung.

[31]) Airworthiness Division — Unterausschuß für Lufttüchtigkeit.

[32]) Aeronautical Information Services Division — Unterausschuß für Luftfahrtauskünfte.

[33]) Communications Division — Unterausschuß für Nachrichtenübermittlung.

[34]) Facilitation of International Air Transport Division — Unterausschuß für Erleichterung des internationalen Lufttransportes.

[35]) Aeronautical Maps and Charts Division — Unterausschuß für Flugkarten.

[36]) Meteorology Division — Unterausschuß für Wetterdienst.

[37]) Operations Division — Unterausschuß für Verkehrsbetrieb.

[38]) Personal Licencing Division — Unterausschuß für Zulassung von Luftpersonal.

[39]) Rules of the Air and Air Traffic Control Division — Unterausschuß für Verkehrskontrolle.

[40]) Search and Rescue Division — Unterausschuß für Bergung und Hilfeleistung

[41]) Statistics Division — Unterausschuß für Statistik.

Organisationsübersicht der ICAO [28])

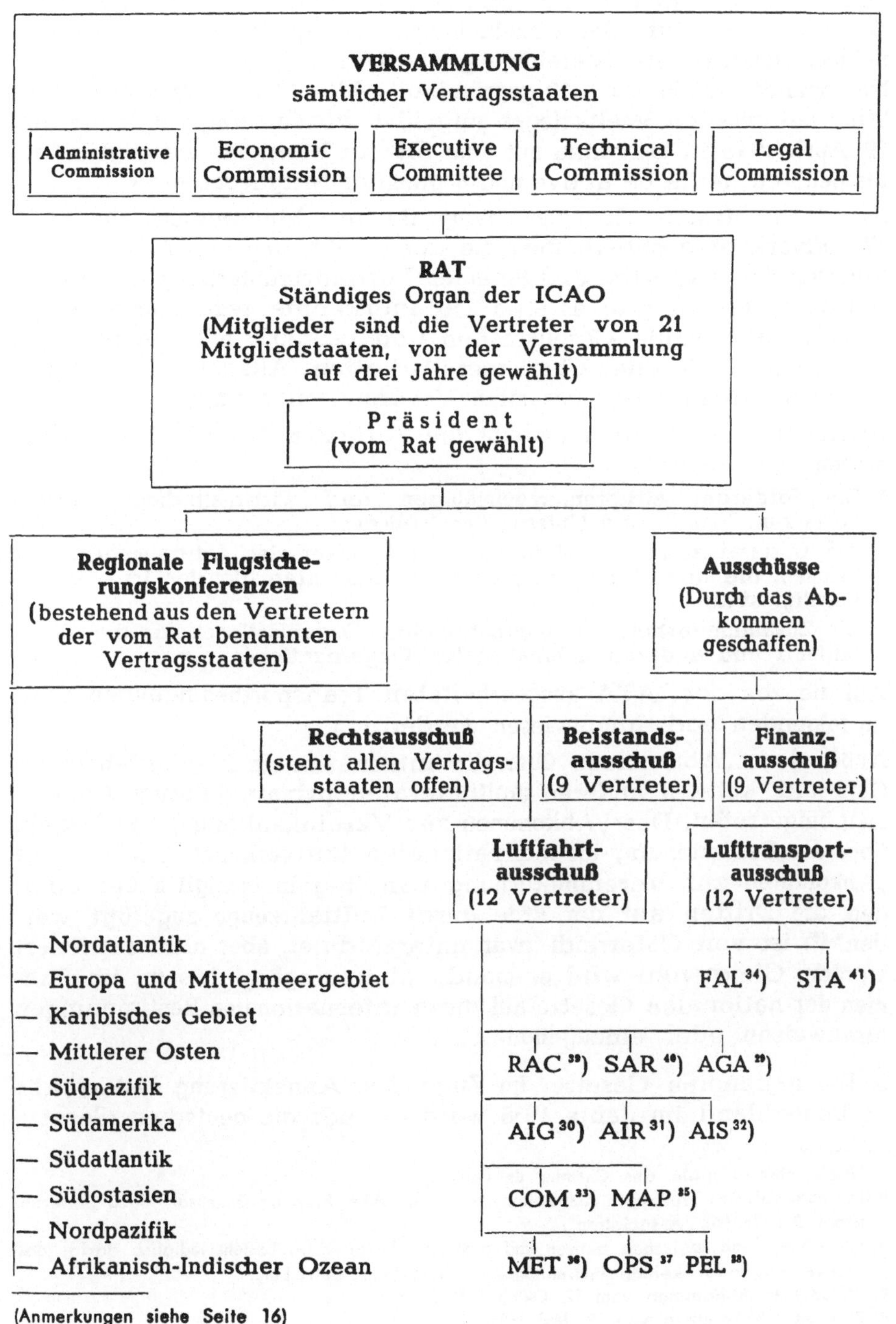

(Anmerkungen siehe Seite 16)

abwicklung internationale Vereinheitlichung erwirken will und auf dem Sektor des Eisenbahnwesens in der U.I.C.[42]) ihresgleichen hat, ist die auf der Stufe der einzelnen Luftverkehr betreibenden Unternehmen geschlossene Vereinigung der IATA [43]).
Nachdem die im Haag 1919 gegründete „Alte IATA" durch den Ausbruch des zweiten Weltkrieges aufgelöst worden war, wurde sie am 19. April 1945 in Havanna mit dem Sitz in Montreal neu gegründet. Ihr gehören heute 63 aktive und 4 passive Mitglieder an [44]).

Es sei in diesem Zusammenhang darauf hingewiesen, daß die 67 Luftverkehrsgesellschaften, die der IATA angehören, nur einen Bruchteil der insgesamt existierenden Luftfahrtsunternehmungen darstellen. Insgesamt gibt es etwa 250 anerkannte, regelmäßigen Luftverkehr betreibende Gesellschaften und ca. 3000 nicht anerkannte, sogenannte wilde oder Chartergesellschaften. Allerdings bewältigen erstere 87 Prozent des gesamten Verkehrsaufkommens.

Artikel III der Statuten umreißt die Aufgabe der IATA folgendermaßen:

1. Die Förderung sicheren, regelmäßigen und wirtschaftlichen Luftverkehrs zum Wohle und Nutzen aller Völker;
2. Die Unterstützung der Zusammenarbeit unter den Lufttransportunternehmen, die unmittelbar oder mittelbar am internationalen Luftverkehr beteiligt sind;
3. Die Zusammenarbeit mit internationalen Organisationen für die Zivilluftfahrt und anderen internationalen Organisationen.

Auf die von der IATA ausgearbeiteten Transportbedingungen wird im folgenden noch hingewiesen werden.

Außer dem „Abkommen über die internationale Zivilluftfahrt" ist Österreich keinem anderen multilateralen privatrechtlichen Abkommen beigetreten. Das „Abkommen zur Vereinheitlichung von Regeln über die Beförderung im internationalen Luftverkehr" [45]) sowie das „Abkommen zur Vereinheitlichung von Regeln bezüglich der Schäden, die Dritten auf der Erde durch Luftfahrzeuge zugefügt werden" [46]) ist von Österreich zwar unterzeichnet, aber nicht ratifiziert worden. Gleichwohl wird es manchmal unumgänglich sein, im Rahmen der nationalen Gesetze auf diese internationalen Bestimmungen hinzuweisen oder einzugehen.

3. Die nationalen Gesetze: Im Zuge der Annektierung Österreichs an Deutschland im Jahre 1938 wurden auch die deutschen Gesetze

---

[42]) Union Internationale des Chemins de Fer.

[43]) International Air Transport Association; die alte IATA hieß im Gegensatz dazu „International Air Traffic Association".

[44]) Der Unterschied zwischen aktiven und passiven Mitgliedern besteht lediglich darin, daß passive Mitglieder keinen internationalen Luftverkehr betreiben.

[45]) Warschauer Abkommen vom 12. Oktober 1929.

[46]) Römisches Abkommen vom 9. Mai 1933.

und Ergänzungsbestimmungen, die Luftfahrt betreffend, eingeführt: Das Luftverkehrsgesetz in der Fassung der Bekanntmachung vom 21. Aug. 1936, die Verordnung über den Luftverkehr vom 21. Aug. 1936, in der Fassung der Verordnung vom 31. März, 12. Juli und 15. Aug. 1937 und die Verordnung vom Reichswetterdienst vom 6. April 1934 durch Kundmachung des Reichsstatthalters für Österreich im Gesetzblatt für das Land Österreich vom 2. April 1938, 18. Stück Nr. 62. Nach dem Zusammenbruch des Dritten Reiches wurden durch das Bundesgesetzblatt vom 12. Juni 1946, 27. Stück Nr. 85, nur die deutschen Rechtsvorschriften, das Luftfahrtwesen betreffend, aufgehoben, die sich mit dem Aufbau der einzelnen Luftfahrtorganisationen befaßten.[47]) Durch das Bundesgesetz vom 22. Nov. 1950 „Über die Neuordnung des Wirkungsbereiches des Bundesministeriums für Handel und Wiederaufbau und des Bundesministeriums für Verkehr und verstaatlichte Betriebe in Angelegenheit der Luftfahrt" [48]) wurden „die Angelegenheiten der Luftfahrt einschließlich der Flugsicherung und des ihr dienenden Wetterdienstes (Flugwetterdienst) aus dem Geschäftsbereich des Bundesministeriums für Handel und Wiederaufbau in den Geschäftsbereich des Bundesministeriums für Verkehr und verstaatlichte Betriebe übertragen." Indirekt hängt mit der LuftVG, nämlich durch die summenmäßige Beschränkung der Haftung, auch das Schillinggesetz vom 30. Nov. 1945 (BGBl 231/45) zusammen, in dem im § 3 Absatz 2 bestimmt wird, daß die „Auf Reichsmark lautenden Beträge ... im Verhältnis eine Reichsmark gleich ein Schilling umzurechnen" sind.[49]) Neben diesen Spezialgesetzen werden natürlich noch viele, allgemeinere öffentlich-rechtliche und privatrechtliche Gesetze, wie z. B. die Steuergesetze, das Postgesetz, ABGB, HGB, das Kartellgesetz etc. zu berücksichtigen sein.

Das LuftVG ist in drei Abschnitte gegliedert. Der erste Abschnitt behandelt den Luftverkehr und beschäftigt sich im Kapitel A mit Luftfahrzeugen und Luftfahrern, im Kapitel B mit Flughäfen, im Kapitel C mit Luftfahrtunternehmungen und -veranstaltungen, im Kapitel D mit Verkehrsvorschriften, im Kapitel E mit Enteignungen und im Kapitel F mit gemeinsamen, alle vorhergehenden Kapitel betreffenden Vorschriften. Der zweite Abschnitt des LuftVG befaßt

---

[47]) Außer Kraft gesetzt wurden: § 2 der Verordnung über die Einführung des deutschen Luftrechtes im Land Österreich (62/38): „Als nachgeordnete Behörde des Reichsministers für Luftfahrt in Österreich wird ein Luftamt in Wien errichtet"; die achte Verordnung über den Aufbau der Reichsluftfahrtverordnung sowie über die Errichtung einer Reichsstelle „Forschungsführung des Reichsministers der Luftfahrt und Oberbefehlshabers der Luftwaffe" vom 30. Juni 1942.

[48]) BGBL. Nr. 244, 62. Stück, Jahrgang 1950.

[49]) Durch die allmähliche Abwertung des Schillings in den ersten Nachkriegsjahren ist jedoch die summenmäßige Haftungsbeschränkung unverhältnismäßig niedrig geworden. Es wird eine der Aufgaben bei einer eventuellen Revision des LuftVG sein, diese Beträge den im Warschauer und Romer Abkommen festgesetzten Höchstbeträgen wieder anzugleichen.

sich mit der Haftpflicht der Luftfahrzeughalter, der dritte Abschnitt mit Strafvorschriften. Die oben erwähnte Verordnung über Luftverkehr geht des näheren ein auf die Zulassung und Eintragung der Luftfahrzeuge, das Luftfahrtpersonal, die Ausbildung von Luftfahrern, das Luftfahrtgelände, die Luftfahrtunternehmungen und -veranstaltungen, das Mitführen besonderer Geräte, die Flugsicherung und Verkehrsvorschriften und auf die Haftpflichtversicherung.

4. Die Regelung der Haftpflicht des Luftfahrzeughalters im LuftVG: Das LuftVG vom 21. August 1936 gab im § 19 wohl die strengste Haftung nach österreichischem beziehungsweise deutschem Privatrecht. Es vertrat den Grundsatz der reinen Erfolgshaftung und ging damit über die Gefährdungshaftung des Kraftfahrzeuggesetzes und der Eisenbahnverkehrsordnung hinaus.[50]) Diese Erfolgshaftung bezog sich einerseits auf alle möglicherweise durch ein Flugzeug geschädigten betriebsfremden Personen [51]), anderseits nicht nur auf die Zeit des tatsächlichen Fluges, sondern auch die damit verbundenen Vorbereitungshandlungen. Das Warschauer Abkommen, das neben anderen Einschränkungen nur für internationale Flüge gilt, hat durch seine Einbeziehung in die nationale Rechtssprechung Wandel geschaffen. Es wurde eine Trennung des Personenkreises vorgenommen; die Haftpflicht des Luftfahrzeughalters für Personen und Sachen, die nicht im Flugzeug befördert werden, regelt sich weiterhin nach § 19 und ff. LuftVG [52]); daneben wird nun aber die Haftung aus dem Beförderungsvertrag unterschieden, die in den Zusatzparagraphen 29a — 29i des LuftVG geregelt ist. Als wichtigste Neuerung ist die Haftungsbeschränkung des Luftfahrzeughalters nach §29b anzusehen, der besagt, daß die Ersatzpflicht des Halters nicht eintritt, „wenn er beweist, daß er und seine Leute alle erforderlichen Maßnahmen zur Verhütung des Schadens getroffen haben [53]) oder daß sie diese Maßnahmen nicht treffen konnten." Die Haftpflicht für nautisches Verschulden, die im Warschauer Abkommen ebenfalls ausgeschlossen ist und aus dem Seerecht übernommen wurde, bleibt jedoch weiterhin bestehen.

Der Umfang der Haftung des Luftfahrzeughalters bei Mitverschulden

---

[50]) Gefährdungshaftung schließt die Haftung für Schäden durch höhere Gewalt aus; im § 85 der EVO ist allerdings der Begriff höhere Gewalt fallen gelassen worden und durch die Umschreibung „die Eisenbahn ist von dieser Haftung befreit, wenn ... der Verlust oder die Beschädigung eines Gutes ... durch Umstände verursacht worden ist, welche die Eisenbahn nicht vermeiden und deren Folgen sie nicht abwenden konnte" ersetzt worden; dies in Übereinstimmung mit der 1952 neu geschaffenen CIM.

[51]) Angestellte sind durch das Berufsversicherungsgesetz gedeckt.

[52]) Vergl. dazu das Romer Abkommen mit dem Grundgedanken der reinen Gefährdungshaftung unter gleichzeitiger summenmäßiger Haftungsbegrenzung.

[53]) Es ist daher notwendig, unmittelbar vor dem Abflug der Maschine, bei vollen Touren die Überprüfung sämtlicher Apparate vorzunehmen.

des Geschädigten wird im LuftVG nicht gesondert behandelt, es gelten daher die diesbezüglichen Rechtssätze des ABGB.

Die Haftung für Personen und Sachen, die nicht im Luftfahrzeug befördert werden, umfaßt die Tötung und die Verletzung des Körpers oder der Gesundheit einer Person beziehungsweise die Beschädigung einer Sache. Die summenmäßige Haftungsbeschränkung beträgt für diese Fälle ö.S. 100.000,— für Luftfahrzeuge unter 2.500 kg Fluggewicht, oder ö.S. 40,— je Fluggewicht, höchstens jedoch ö.S. 300.000,— bei größeren Flugzeugen.

Die Haftung des Flugzeughalters aus dem Beförderungsvertrag erstreckt sich auf die Tötung oder Verletzung einer beförderten Person bzw. auf die Beschädigung oder den Verlust einer Sache und beträgt im ersten Falle höchstens ö.S. 20.000,— pro Person, im zweiten Falle ö.S. 40,— je kg Ware, es sei denn, der Absender habe bei Aufgabe des Gutes einen höheren Lieferwert deklariert.[54])

Diese Bestimmungen gelten nicht bei Vorsatz oder grober Fahrlässigkeit. Außer der Haftung für Personen- oder Sachschäden muß hier noch die Haftung des Luftfahrzeughalters für Versäumnis- und Verspätungsschäden behandelt werden. Eine Haftung aus Überschreitung der Lieferfrist ist im LuftVG im Gegensatz zur EVO nicht besonders erwähnt, wohl aber im Warschauer Abkommen. Das bedeutet nicht, daß ein Ausschluß dieser Haftung erfolgt wäre; es ist nur auf das nächste, allgemeinere Gesetz, in diesem Falle das HGB, zurückzugehen. Auch bei Verspätungen und Versäumnissen von Anschlüssen im Personenluftverkehr müßte in gleicher Weise vorgegangen werden, wohingegen die EVO jede Haftung aus diesem Grund ausdrücklich ablehnt (§ 20, EVO). Das Warschauer Abkommen berücksichtigt diesen Tatbestand ebenfalls (Artikel 19). Die IATA-Beförderungsbedingungen, die auf der Verkehrskonferenz der IATA in Honolulu im November 1953 neu gefaßt wurden, wollen zwar die Haftung des Luftfahrzeughalters aus Verspätungsschäden ausschließen, weil im Artikel 10 bestimmt wird, „daß kein Angestellter, Agent oder Vertreter des Luftfrachtführers berechtigt ist, ihn durch Erklärung oder Feststellung über die Abflug- oder Ankunftsdaten oder -zeiten oder über Durchführung des Fluges zu verpflichten". Nach maßgebender Auffassung wird jedoch darin keine dem Warschauer Abkommen entgegenstehende Feststellung gesehen, da trotzdem eine Beförderung als innerhalb einer „angemessenen Frist durchzuführen" angenommen wird.[55]) Die Beweispflicht liegt nach

[54]) Eine Deklarierung des Lieferwertes eines Gutes für den Fall der Beschädigung oder des Verlustes ist in der EVO nicht vorgesehen; jedoch ist der Höchstbetrag der Haftung in der Durchführungsverordnung I/§ 84 mit ö. S. 600,– je kg Ware festgesetzt.

[55]) Ein weiterer Versuch zum Ausschluß der Haftung des Luftfahrzeughalters – abweichend von den Bestimmungen des Warschauer Abkommens – liegt durch Bestimmungen des Artikels 18 (IATA-Beförderungsbedingungen) vor, wonach es den Geschädigten oder deren

der prima facie - Anschauung des Verkehrsrechtes auch im Luftverkehr beim Luftfahrzeughalter.[56])

Die Schadenersatzansprüche verjähren in zwei Jahren, „nachdem der Ersatzberechtigte von dem Schaden und der Person des Ersatzpflichtigen Kenntnis erhalten hat, ohne Rücksicht auf diese Kenntnis in 30 Jahren" (§ 25 LuftVG); der Ersatzberechtigte geht jedoch dieser seiner Rechte verlustig, wenn er nicht spätestens drei Monate, nachdem er von dem Schaden und der Person des Ersatzpflichtigen Kenntnis erhalten hat, diesem den Unfall anzeigt" (§ 26, LuftVG), es sei denn, der Ersatzpflichtige hat auf andere Weise von dem Unfall erfahren oder die Anzeige an den Ersatzpflichtigen ist aus einem von dem Ersatzberechtigten nicht zu vertretenden Umstand unterblieben.

Um auftretende Schadenersatzansprüche decken zu können, muß der Halter eines Luftfahrzeuges nachweisen, daß er durch eine in entsprechender Höhe abgeschlossene Haftpflichtversicherung bzw. durch Hinterlegung von Geld oder Wertpapieren Sicherheit geleistet hat.

Die Verwendungsmöglichkeiten des Hubschraubers

1. Charterbetrieb: Eine Vielzahl von Einsatzmöglichkeiten im Charterbetrieb, besonders für die kleinsten Einheiten,[57]) sind hier zu erwähnen. Fallweise Suchdienste und Bergrettungsaktionen, Hubschrauber im Dienste der Kartographie und Geodäsie, die Inspektion elektrischer Leitungen mittels Hubschrauber, Arbeitsleistungen für die Landwirtschaft bei Düngung und Schädlingsbekämpfung, Einsätze im Bausektor als Luftkran und zum Transport von Baumaterialien in schwer zugänglichen Gebieten, die Verwendung des Hubschraubers bei der Bekämpfung von Bränden, all dies sind Fälle, bei denen der Hubschrauber im Charterbetrieb mit Erfolg beigezogen werden konnte.

2. Zubringerdienst zu Flughäfen: Gedacht ist hier an den Ersatz beziehungsweise an die Ergänzung des Zubringerdienstes mittels Autobus durch den Hubschrauber. Überall dort, wo der Fluggast eine Enfernung von mehr als 50 km oder eine längere Anfahrtzeit als

---

Angehörigen obliegt, dem Luftfahrtunternehmen für Personen- und Sachschäden ein Verschulden nachzuweisen.

[56]) Ausnahmen hinsichtlich der Beweislast jedoch § 85, Abs. 3. 3a – g; EVO.

[57]) Vor allem wurden die verschiedenen Baumuster der Bell-47 eingesetzt.

eineinhalb bis zwei Stunden vom Stadtzentrum bis zum Flughafen zu bewältigen hat, ist der Hubschrauber zur Verkürzung der Gesamtreisezeit geeignet. Die Luftreiseentfernung für den zu benützenden Starrflügler soll andererseits mindestens 500 km betragen, da ansonsten ja eine direkte Hubschrauberverbindung günstiger wäre.

3. Intercity-Verkehr: Unter Intercity-Verkehr versteht man die Direktverbindung von Stadt zu Stadt. In der aus einem Artikel der Zeitschrift Europaverkehr [58]) in gekürzter Form entnommenen Tabelle werden Reisezeiten und Beförderungspreise für einige wichtige von Düsseldorf ausgehende Relationen zwischen Eisenbahn und Hubschrauber verglichen; die unten angeführten Zahlen begründen sehr wohl die Berechnung eines solchen Verkehrs (siehe Tabelle, S. 24).

4. Suburbaner Verkehr: unter suburbanem Verkehr versteht man jenen Nahverkehr, der die Vorstädte einer Großstadt miteinander und mit dem Stadtkern verbindet. Für europäische Verhältnisse nur in den seltensten Fällen in Frage kommend, dürfte er in Amerika zu größerer Bedeutung gelangen. So ist z.B. für New York für Entfernungen von 75 km vom Stadtkern aus ein derartiges suburbanes Hubschrauberverkehrsnetz geplant.

Der gegenwärtige Hubschrauberverkehr

1. Los Angeles Airways (LAA): Die Anfänge des zivilen Hubschrauberverkehrs gehen auf das Jahr 1944 zurück, als Mr. Clarence BELINN die LAA gründete.
Der Großraum von Los Angeles ist gekennzeichnet durch eine Bevölkerungsdichte von 6 Mill. Einwohner auf 3.100 km² und durch den Schnittpunkt wichtiger Verkehrslinien und transkontinentaler Postverbindungen. 1947 begann die Gesellschaft den Helikopter-Postdienst mit einer Linie, drei weitere wurden in den nächsten Jahren eingerichtet. Die erzielten Leistungen sind aus nachfolgender Tabelle zu ersehen.

Zeitraum	Beförderte Last (lbs)	Geflogene Strecken (miles)	Ausnutzungsfaktor[59]) (lb/ml)
Oktober 1947	60.000	10.000	6,—
Jänner 1949	310.000	28.000	11,—
Jänner 1950	360.000	27.000	13,3
Jänner 1951	445.000	31.000	14,3

[58]) Prang L. Dipl.-Ing.: „Hubschrauberverkehr in europäischer Sicht". Heft 1/1955.
[59]) Entspricht dem Begriff der statischen Verkehrsdichte nach Pirath.

Vergleichende Gegenüberstellung des Hubschrauber- und Eisenbahnverkehrs an Hand einiger wichtiger europäischer Relationen mit dem Ausgangsort Düsseldorf

Von Düsseldorf nach:	Bahntarif km	Flugstrecken km[5])	Fahrzeit Eisenbahn[2])	Flugzeit Hubschrauber[6])	Fahrpreise in DM		Flugpreise in DM[4])	Vergleich Eisenb.-Hubschr.		
								Mehrpreis Hubschrauber gegen Eisenbahn		Zeitgewinn durch Hubschraub.
					1. Kl.	2. Kl.		1. Kl.	2. Kl.	
Bremen	300	246	4h06 3h47[1])	1h22	42,— 46,—	32,— 36,—	49,20	7,20 3,20	17,80 13,20	2h44 2h25
Hamburg	423	345	5h40 5h11[1])	1h56	62,— 66,—	47,— 51,—	69,—	7,— 3,—	22,— 18,—	3h44 3h15
Frankfurt	246	188	5h00 3h21[1])	1h03	38,— 42,—	29,— 33,—	37,60	— 0,40 — 4,40	8,60 4,60	3h75 2h18
Berlin[3]) [7])	567	505	11h34	3h18	82,—	62,—	100,80	18,80	38,80	8h16
Kopenhagen[3])	975	622	16h41	3h58	138,—	104,—	124,40	— 13,60	20,40	12h43
München[3])	674	498	11h22 8h75	3h16	94,— 98,—	71,— 75,—	99,60	5,60 1,60	28,60 24,60	8h06 5h41
London[3])	613	540	13h36	3h30	103,10	81,90	108,—	4,90	26,10	10h16
Paris	536	422	9h08 6h08	2h51	78,— 82,—	59,— 63,—	84,10	6,40 2,40	25,40 21.40	6h17 3h17
Brüssel	273	163	5h05	0h55	38,—	29,—	32,60	— 5,40	3,60	4h10
Zürich	658	540	12h43 9h12	3h00	94,— 98,—	71,— 75,—	90,—	— 4,— — 8,—	19,— 15,—	9h43 6h18

1) Expreßzug.
2) Umsteigeaufenthalte sind berücksichtigt.
3) Eine Zwischenlandung von 30 Minuten für Tanken, Passagierwechsel und geringfügige Wartezeit für Umsteiganschluß ist inbegriffen.
4) Unter Zugrundelegung von ö. Schilling 1,20 je Passagier-km; eine weitere Senkung des Tarifes auf etwa S –,60 je Pass.-km wird im Laufe der Entwicklung für möglich gehalten.
5) Luftlinie + 5%; Abweichungen durch Umwegstrecken möglich.
6) Angenommene Blockgeschwindigkeit 180 kmh.
7) Verzögerung durch Interzonenverkehr.

Inzwischen ist die LAA bereits dazu übergegangen, den Hubschraubereinsatz auf den Passagierbetrieb mit größeren Hubschraubern zu erweitern.

2. Rick Helicopter Inc., Los Angeles.[60]) Die Rick Helicopter Inc. ist für das Jahr 1954 als die größte Helikopterluftfahrtgesellschaft anzusprechen. Ihre Flotte bestand zu diesem Zeitpunkt aus 20 Bell-47, ihre Einnahmen aus den Vercharterungen betrugen bereits 1952 über 2,5 Mill. ö. Schillinge. Diese Gesellschaft ist das Beispiel par excellence für den Einsatz der Hubschrauber im Gelegenheitsverkehr. Aus der nachfolgenden Tabelle ist die Vielfalt von Leistungen, die z. T. schon weiter oben bei der Aufzählung der verschiedenen Verwendungsmöglichkeiten der Hubschrauber erwähnt wurden, ersichtlich.

Einsatzart	Anteil in %
Erdölforschung, Durchforschung von Wäldern aus der Luft etc. Kartographie, Geodäsie etc.	63
Inspektion elektrischer Leitungen	7
Düngung und Schädlingsbekämpf. für die Landwirtschaft	15
Brandbekämpfung	6
Transporte und Verschiedenes	9

Seit der Gründung der Gesellschaft im Jahre 1948 wurden bis zum Beginn des Jahres 1953 20.000 Flugstunden, bis zum Beginn des Jahres 1954 35.000 Flugstunden geleistet. Auf dieser Basis konnten folgende Kostenanteile pro Flugstunde festgestellt werden (siehe Tabelle, S. 26).

Bei einem einheitlich zusammengesetzten Flugzeugpark kann sich eine anteilmäßige Zergliederung der einzelnen Kostenarten sowohl auf die Flugstunde als auch auf den Flugkilometer beziehen. Für Vergleichszwecke ist jedoch zu berücksichtigen, daß der Anteil der allgemeinen Kosten (Haltungskosten) bei Gesellschaften, die Gelegenheitsverkehr betreiben, geringer sein wird als bei Gesellschaften mit Linienverkehr.

3. Helicopter Air Service (H.A.S.), Chicago: Die H.A.S. besorgt ausschließlich den Nachrichtenverkehr im Raume von Chicago. Die erste Postlinie wurde 1949 eröffnet. In den folgenden drei Jahren hat die H.A.S. mit sechs Bell-47 bei 19.000 Flugstunden über 1,8 Mill. Post-km ohne Verlust eines Hubschraubers geflogen.

Verkehrsergebnisse	Sept. 1951	Sept. 1952
Geflogene Last (lbs)	240.058	270.824
Postflugstunden	467 h 10'	638 h 20'
Postflugmeilen	26.893	34.901
Regelmäßigkeit	96,8%	100%

[60]) Entnommen aus einem Artikel der Zeitschrift „American Helicopter", Märzheft 1953.

Kostenanteile pro Flugstunde einer amerikanischen Helikoptergesellschaft

Direkte Flugbetriebskosten	Anteil in %	Allgemeine Kosten	Anteil in %
Pilot/Gehalt	12,2	Gehälter	5,4
Mechaniker/Gehalt	9,4	Steuern	0,4
Ersatzteile	8,0	Zinsen	1,0
Reparaturen und Änderungen	16,0	Nachlässe	1,1
Reisegelder u. Diäten	7,5	Repräsentationskosten und Reisen	1,1
Auswärtige Reparaturen	5,6	Telegr. und Telefon	0,6
Treibstoffe und Öle	4,1	Büroausstattung	0,6
Abschreibung	13,1	Büromiete	0,4
Zubehör	2,8	Buchhaltung und Rechtsberatung	0,2
Helikoptertransporte	2,9	Wertminderung	0,6
Autopark/Unterhalt	1,2	Provisionen	0,2
Versicherung	2,5	Sonstiges	0,3
Werkstattmiete	0,9		
Steuern	1,0		
Sonstiges	0,9		
Summen	88,1	Summen	11,9

Kostendegression durch Zahl der Flugstunden und Fluggeräte.

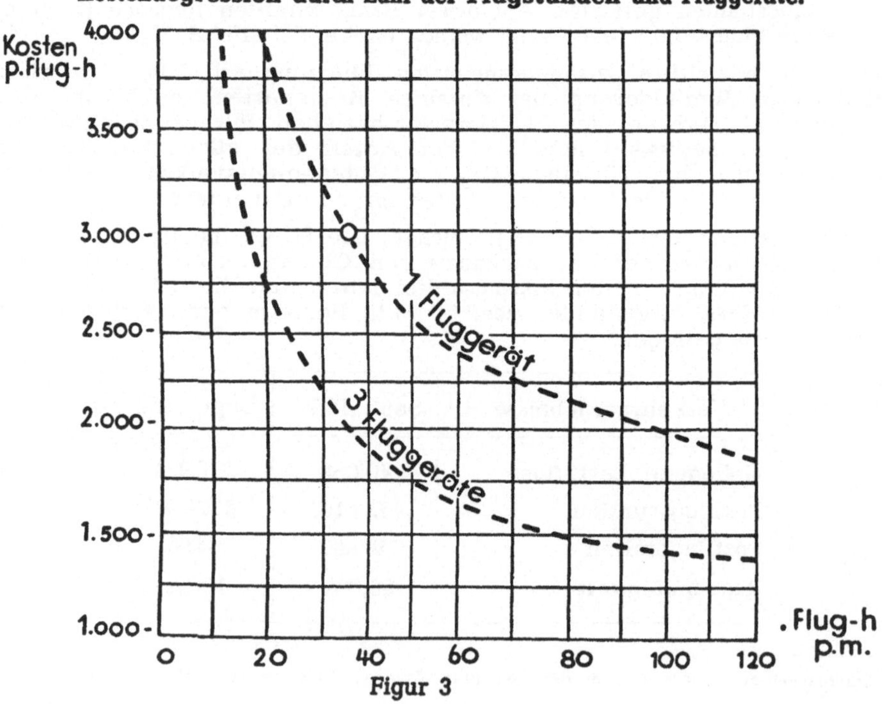

Figur 3

In Ergänzung zu den in der Tabelle gebrachten Zahlen sei hinzugefügt, daß die H.A.S. Postgüter von 33 Städten und Vorstädten des Raumes von Chicago befördert, mit anderen Worten, dreimal täglich 50 Postämter bedient; die Zeitersparnis liegt zwischen sechs und 36 Stunden, eine Zunahme des Postverkehrs um 60 bis 65 Prozent wurde dadurch erreicht.

4. New York Airways Inc. (NYA), New York: NYA begann ihre Tätigkeit im Helikopterpost-, -fracht- und -personendienst im Oktober 1952 mit einer S-55 mit allmählicher Steigerung, bis im Juli 1953 die fünfte S-55 eingestellt werden konnte. Bis Jänner 1955 wurden 15.000 Flugstunden im Linienverkehr bei einem monatlichen Durchschnitt von 700 Flugstunden registriert: die durch den Flugplan gegebene tägliche zeitliche Inanspruchnahme jedes Flugzeuges beträgt vier Stunden und 13 Minuten. Insgesamt werden bei dieser Gelegenheit täglich 1.900 Flug-km zurückgelegt.

Indirekte und direkte Kosten pro Flugeinheit im Heliokpterbetrieb der NYA

Kostenarten	Flugmeile Dollar	insg.	Flug-km ö. S	insg.
Passagier-, Fracht- und Postabfertigungsdienst	—,45		6,25	
Sonstiges	1,25		17,36	
Indirekte Kosten — total		1,70		23,61
Treibstoffe und Öle	—,18		2,50	
Versicherung	—,21		2,92	
Abschreibung	—,54		7,50	
Piloten	—,29		4,08	
Wartung und Überholung (Ersatzteile)	—,60		8,33	
Unversicherte Verluste und Sonstiges	—,03		0,42	
Direkte Kosten — total		1,85		25.70
	Summe	3,55		49,31

Entwicklung der Betriebs- und Verkehrsergebnisse bei der NYA 1955

Meßgrößen der Betriebs- und Verkehrsergebnisse	1. X. 54 bis 30. IX. 55	1. VII. 55 bis 30. IX. 55
Flug-km im Linienverkehr	693.481	185.645
Anzahl der Fluggäste	20.157	7.801
Geflogene Personen-km	783.000	277.200
Geflogene Sitzplatz-km	1,737.000	464.000
Ausnutzungsgrad (Lastgrad)	42,49%	59,69%
Verkaufte Tonnen-km	128.979	47.100
Geflogene Tonnen-km	274.000	71.897
Gesamt-Ausnutzungsgrad	47,07%	57,17%

Zur Ergänzung des Gesagten dienen einige Daten über die Kostengliederung und die Entwicklung der Verkehrsergebnisse, wobei auf die Besonderheit hingewiesen sei, daß sich die Größenordnung der von der NYA beflogenen Relationen um 20 km bewegt.

Die NYA hat also pro Flug-km einen Kostenanfall von öS 49,31, berechnet ihren Passagieren pro Sitzplatz-km jedoch nur öS 5,55 (siehe Tabellen, S. 27).

Das dichte Netz der durch die NYA geplanten Hubschrauberverbindung wird verständlich, wenn man weiß, daß im Umkreis von 270 km von New York rund 25 Millionen Menschen wohnen. Die Konzentration der Bevölkerung im Nordosten des Landes in Verbindung mit der wirtschaftlichen Betriebsamkeit dieses in der Welt führenden Geschäftszentrums erzeugt in der ein- und ausströmenden Richtung einen Verkehr, der in der Geschichte der Menschheit ohne Beispiel ist. Vom Hubschrauberverkehr wird eine Erleichterung der angespannten Situation in einer Entfernungsspanne über 50 km bis 300 km von Manhattan erwartet. Nach einer Studie der „The Port of New York Authority" [62]), wird für den Luftraum von New York/Newark bezüglich der jährlichen Passagierzahl folgende Prognose gestellt:

Jahr	Lufttaxi (Aerocab)	Vorstadtverkehr (Suburban Traf.)	Intercity	Gesamtverkehr
1955	225.000	75.000	—	300.000
1960	1,177.000	791.000	—	1,968.000
1965	1,371.000	1,274.000	318.000	2,963.000
1970	1,563.000	1,555.000	1,912.000	5,030.000
1975	1,610.000	1,746.000	3,016.000	6,372.000

5. Großbritannien: Seit 1946 hat die BEA Hubschrauberversuchs- und -postdienste mit Bell-47, S-51 und Bristol-171 betrieben. Im Sommer 1955 wurde ein Zubringerpassagierdienst zwichen Waterloo-Airterminal und London Airport eingerichtet; der Beförderungspreis wurde mit öS 125,— angesetzt, die bisherige Abfertigungszeit von eineinhalb bis zwei Stunden konnte auf 45 Minuten herabgesetzt werden.

6. Belgien: Die SABENA begann ihren Hubschrauberbetrieb 1950 mit Bell-47 auf der Rundflugstrecke Brüssel-Libramont-Lüttich-Maastricht-Turnhout-Antwerpen-Brüssel; die ca. 430 km lange Strecke wurde in 4 Stunden 20 Minuten, einschließlich Zwichenlandungen, bewältigt. Zwei Jahre später wurde auf der oben erwähnten Poststrecke die Bell-47 durch die S-55 abgelöst [63]) und 1953 wurde ein Passagierdienst auf weiteren Flugrouten eingerichtet.

Der gegenwärtige Passagierflugbetrieb durch Helikopter bewegt sich demnach fast ausschließlich in einem Aktionsbereich um 200 km, von Brüssel ausgehend. Geplant ist eine Erweiterung dieses Aktionsbereiches auf 300 km mit zweimotorigen Hubschraubern. Diese durchaus realistische Planung beruht auf der Tatsache, daß in einem Umkreis von 350 km von Brüssel rund 72 Millionen Menschen leben.

Die Kostengliederung dieses Helikopterflugbetriebes zeigt folgendes Bild:

---

[62]) „Transportation by Helicopter 1955–1975".

[63]) Die S-55 brauchte für dieselbe Leistung nur drei Stunden und 40 Minuten.

Kostenart	Kosten pro Flug-km in ö. S.	Kosten pro Flug-km in %
Piloten	2,—	12,23
Treibstoff	3,22	21,61
Öl	0,32	
Unterhalt	2,27	
Ersatzteile	4,—	38,35
Abschreibung	4,55	27,81
Summe	16,36	100,00

Zu den obigen Kostenangaben sind folgende ergänzende Bemerkungen zu machen:

Der Posten „Piloten" umfaßt sowohl das jährliche Fixum als auch die jeweiligen Flugprämien. Die Abschreibung ist auf eine Lebensdauer von fünf Jahren ohne etwaigen Restwert berechnet. Die Kosten für Versicherung sind nicht angeführt, da die SABENA ihr eigener Versicherer für Helikopter ist.[64]) — Der Beförderungspreis deckt nur die direkten Kosten und beläuft sich auf öS 1,40 pro Flug-km [65]); die indirekten Kosten (Haltungskosten) gehen in den Haltungskosten für den übrigen Flugbetrieb der SN auf [66]) und sind daher nicht angeführt. Der SABENA werden für die Benützung der Heliports keine Gebühren verrechnet; diese finanziellen Lasten tragen die am Helikopterverkehr interessierten Städte.[67])

7. Verwendung der Hubschrauber in Österreich: Durch die österreichische Hubschrauber Ges.m.b.H. Wien hat der Hubschraubereinsatz in Österreich in kommerzieller Hinsicht Eingang gefunden. Diese Gesellschaft wurde am 10. Oktober 1955 ins Handelsregister eingetragen und fliegt seit 1. April 1956 mit einer betriebseigenen Bell-47 G2. Die bisher einmonatige Betriebszeit gestattete noch keine kostenrechnungsmäßige Auswertung. Der Anschaffungspreis der Maschine betrug öS 1,300.000,—; das Anfangsgehalt eines Hubschrauberpiloten ist mit einem Fixum von öS 3.500,— und einer Flugprämie von öS 60,— pro Flugstunde festgesetzt.[68]) Die Ausbildungskosten, die in diesem Falle vom Piloten selbst getragen wurden, beliefen sich auf öS 110.000,—.[69])

Infolge der politischen Konstellation Österreichs konnte auch im Hubschrauberwesen eine Zweigeleisigkeit nicht vermieden werden; die Firma

[64]) Die Versicherungsprämie beliefe sich jährlich auf rund 13% des Wertes des Fluggerätes von ö. S. 3,750.000 für ein S-55.

[65]) Entspricht dem Sitzplatz-km in der europäischen Touristenklasse.

[66]) Kalkulatorischer Ausgleich.

[67]) Die Baukosten für einen Heliport belaufen sich nach Angaben der SN auf rund öS 1,250.000,–.

[68]) Eine kollektivvertragliche Regelung der Pilotenbezüge ist noch nicht gefunden worden; von der österreichischen Flughafenbetriebsgesellschaft, Schwechat, wurde vor kurzem ein diesbezüglicher Entwurf fertiggestellt.

[69]) Die Ausbildung des Piloten erfolgte bei der Aero Ypernburg G. m. b. H. in Den Haag.

„Österreichischer Werbedienst", Wien, wurde ungefähr um dieselbe Zeit wie die Hubschrauber Ges.m.b.H. gegründet und fliegt seit kurzer Zeit ebenfalls mit einer eigenen Bell-47 G2.

Daneben wird in Frankreich, Italien, in der Schweiz und in Schweden an den Vorbereitungen für einen regelmäßigen Hubschraubereinsatz gearbeitet. Hubschraubereinsätze im Charterbetrieb, im militärischen Sektor und Versuchsdienste werden in diesen Ländern bereits durchgeführt.

II. KOSTEN UND KOSTENRECHNUNG IM KOMMERZIELLEN HUBSCHRAUBERVERKEHR

Der nachfolgende Abschnitt befaßt sich mit den Kosten und deren Abhängigkeiten im kommerziellen Hubschrauberverkehr. Es wurde wiederholt betont, daß dieser Zweig der Transportwirtschaft sehr jungen Datums ist, so daß im Laufe der Entwicklung ein in manchen Kostengruppen anderes Kostenbild, hervorgerufen durch die Perfektionierung des technischen Apparates, entstehen dürfte. Wie jedoch auch immer das Kostenbild im kommerziellen Hubschrauberverkehr sich im Laufe der Zeit darbietet, es wird doch stets im Rahmen jener generalisierenden Betrachtungsweise verstanden werden müssen, die des Grundsätzlichen wegen der konkreten Darstellung der einzelnen Kostenarten vorausgehen muß.

Leistung und Leistungsmessung in Transportbetrieben

1. Die Verschiedenartigkeit der Leistung in Industrie und Transport.

Die Leistung in der Industrie ist stets gegenständlicher Natur, sie zielt auf die Produktion von konkreten Gütern ab. Eine auf Grund derartiger Leistungserstellung aufgebaute Kostenermittlung orientiert sich an diesen körperlichen Gütern, sie werden zu Kostenträgern. Die Kostenrechnung im Industriebetrieb erfüllt sich nach Schneider [1]) daher in folgenden zwei Phasen:

a) Die Ermittlung des Mengengerüstes der Kosten — also des mengenmäßigen Einsatzes der einzelnen Kostengüter für ein bestimmtes Produkt;

b) Die Bewertung dieses Mengengerüstes in Geld.

---

[1]) Schneider: Industrielles Rechnungswesen, Tübingen 1954, S. 31.

„Den Kern der industriellen Kostenrechnung gibt jedenfalls die verfolgbare Entwicklung von Material- und Arbeitszeitmengen im Durchlauf des Erzeugnisses durch alle Fertigungsstufen und Betriebsabteilungen ab." [2])

Die Leistung in der Transportwirtschaft ist jedoch immaterieller, nicht greifbarer Natur; sie ist nicht lagerfähig, denn mit ihrer Entstehung endigt sie auch schon wieder — Produktion und Absatz fallen zusammen. Daraus ergibt sich nun zweierlei:

a) Es fehlt eine Proportionalität zwischen den Einzelkosten, Material und Arbeitseinsatz und der Leistungserstellung; es fehlt somit das gesamte Mengengerüst, wodurch auch ein Durchlauf der einzelnen Betriebsleistungen durch die zum Zweck der genauen Kostenerfassung gebildeten Kostenstellen — wie im Industriebetrieb — nicht gegeben ist. Dafür kennt der Transportbetrieb eine andere Stellengliederung, nämlich jene, die sich aus den arteigenen Vorrichtungserforderungen zur Einstellung der Transportleistungen ergeben: Fahrleistung, Wegsicherung, Abfertigungshandlung und Sonderdienste [2]) (zur Durchführung von Spezialtransporten) bilden im Transportbetrieb jene Stellen, derer die Ermöglichung einer Transportleistung bedarf. Allerdings liegt dabei kein festgesetzter, bestimmter Durchlauf der einzelnen Transportleistungen durch diese Stelle vor, sondern eine Vielzahl von möglichen Inanspruchnahmen, entsprechend den Gegebenheiten des Verkehrs für eine bestimmte Transportleistung. In diesem Sinne ist der von Illetschko [2]) als Pendant zum Begriff des Mengengerüstes Schneiders im Industriebetrieb aufgestellte Begriff des Stellengerüstes aufzufassen, der ein markantes Kennzeichen für die Kostenrechnung des Transportbetriebes darstellt, indem er den vorausgegangenen Tatbestand zusammenfaßt.

b) Die zweite Folgerung aus der Eigenart der Transportleistung geht dahin, daß, worauf schon Walther [3]) hingewiesen hat, bei Transportbetrieben strenge zwischen Betriebsleistung und Marktleistung zu unterscheiden ist. Eine Kostenrechnung in Transportbetrieben kann sich daher primär nur auf die Betriebsleistung beziehen, also auf die Ermittlung von Kosten für die Bereitstellung von Diensten.

Die grundlegende Verschiedenheit der Leistungen im Industrie- und Transportbetrieb bedingt also auch einen völlig verschiedenen Aufbau der Kostenrechnung und damit zwangsweise eine andere Betrachtung der einzelnen Kostenarten, die sich in ihrer Richtigkeit aus der Ableitung der effektiven Betriebsleistung erhärtet.

---

[2]) Illetschko: Transportbetriebswirtschaft im Grundriß, Wien 1956. S. 68 bzw. 70.

[3]) Walther: Einführung in die Wirtschaftslehre der Unternehmung, Band I, Zürich 1947, S. 238.

2. Die Leistungsmessung in Transportbetrieben

a) Der transportwirtschaftliche Leistungsbegriff:

Der transportwirtschaftliche Leistungsbegriff nähert sich stark dem naturwissenschaftlichen und fällt mit ihm grundsätzlich zusammen, wenn es sich in der Transportwirtschaft um inner- und zwischenbetriebliche Vergleiche handelt.

Die Transportleistung besteht in der mengenmäßigen Raumüberwindung, also in tkm-Größen. Die Unterscheidung in Lade-, Netto-, Brutto- und Leertonnen-km zielt dann innerhalb der verallgemeinerten tkm-Maßgröße auf bestimmte, transportbetriebswirtschaftliche relevante Tatbestände hin. Die gleiche komplexe Größe, allerdings auf der Stufe kleinerer Einheiten, nämlich kg und m bezeichnet der Naturwissenschaftler als Arbeit, und erst die Arbeit in der Zeiteinheit ist ihm Leistung. In den einzelnen Transportwirtschaften verliert jedoch die technische Geschwindigkeit der Vehikel in dem Maße an Bedeutung, als die durch die gesamte Organisation eines Betriebes gegebene Größe der Zeitnutzung, auf die weiter unten noch eingegangen wird, hervortritt. Zweifelsohne begründet jedoch die tkm-Leistung (-Arbeit) in der Zeiteinheit den Unterschied in der Wertigkeit der vorhandenen Verkehrsgelegenheiten und bedingt damit sekundär Kostenunterschiede zwischen den verschiedenwertigen Verkehrsmitteln. Die Frage des Verkehrskunden bezieht sich ja in erster Linie nicht auf die Preisunterschiede verschiedenwertiger Verkehrsmittel, sondern auf den Zeitaufwand zur Bewältigung einer bestimmten Distanz; sind die zeitlichen Voraussetzungen nicht gegeben, so wird der Transport überhaupt unterbleiben müssen [4]).

Das tkm-Maß ist eine komplexe Größe; dieselbe Leistung kann auf verschiedene Art erreicht werden; ein Vergleich solcher Größen bedingt daher die Kenntnis dessen, was hinter einer solchen Maßgröße steht.

b) Der Zeitnutzungsfaktor, die Voraussetzung der Betriebsleistung

Die tkm-Leistung eines Fahrzeuges wird durch seine mögliche Ladefähigkeit und seine Bewegung erzielt, also durch den Einsatz des mit einer bestimmten kapazitiven Ladefähigkeit ausgestatteten Vehikels. Aus technischen und organisatorischen Gründen kann bei keinem Transportbetrieb ein kontinuierlicher Einsatz seiner Verkehrsmittel stattfinden. Für diese Zusammenhänge bringt Illetschko [5]) die folgende Skizze:

---

[4]) Ganz allgemein kann daher gesagt werden, daß sich die Forderung nach unumstößlicher Pünktlichkeit und Regelmäßigkeit der Verkehrsgelegenheiten bei den Verkehrsmitteln um so schärfer profiliert, als sie durch ihre zeitliche Höherwertigkeit eine Vorrangstellung gegenüber anderen Verkehrsmitteln einnehmen. Eine Forderung, die den Helikopterbetrieb der Sabena hinsichtlich seiner Auslastung schwierig gestaltet.

[5]) Illetschko: a. a. O.

Stillstandszeit	Wartezeit	Bewegungszeit
K A L E N D E R Z E I T		
Leerzeit	Betriebszeit	

Die Betriebszeit entspricht dem Einsatz; das Verhältnis von Leerzeit und Betriebszeit wird nach Illetschko durch den Zeitgrad ausgedrückt, der kleiner als 1 sein muß. Innerhalb der Betriebszeit entstehen jedoch notwendige Leerläufe. Das Fluggerät muß aus dem Hangar auf den Heliport gezogen werden, der Motor muß warmlaufen, die Treibstoffbehälter müssen aufgefüllt werden, eine letzte Überprüfung der Flugapparatur durch den Piloten ist Selbstverständlichkeit; zudem verursachen Wartezeiten zwischen den einzelnen Transportakten der Vehikel einen großen Teil jener Zeit, deren Verhältnis zur eigentlichen Bewegungszeit die Größe des Nutzungsfaktors bestimmt. Die Bewegungszeit entspricht jedoch nicht der technischen Durchschnittsgeschwindigkeit des Vehikels; vielmehr ergibt sich durch den starren Zeitaufwand der Abfertigungshandlungen des Be- und Entladens sowie der Geschwindigkeitsverzögerung bei Start und Landung eine Reduzierung dieser Geschwindigkeit auf die sogenannte Reisegeschwindigkeit, deren Differenz in der Intensität der Bewegungszeit ihren Ausdruck findet. Die multiplikative Verknüpfung des Nutzungsfaktors mit der Intensität der Bewegungszeit stellt die Zeitnutzung dar, also jene Größe, die über die Betriebszeit die Errechnung der tatsächlichen tkm-Leistung als Betriebsleistung zuläßt. Das Produkt aus Zeitfaktor und Zeitnutzung möge als Zeitnutzungsfaktor bezeichnet werden, der den Begriff des Zeitgrades nach Rummel [6]) verwandt ist.[7])

Unter Anwendung dieser Zusammenhänge ergibt sich z. B. für die NYA folgendes Bild (siehe Tabelle, S. 35).

Aus der additiven Verbindung der einzelnen Vehikelleistungen ergibt sich die effektive Betriebsleistung in Flug- bzw. Tonnen-km, was in dem Fall, da es sich um gleiche Gesamtleistungen der einzelnen Flugkörper handelt, durch Multiplikation ersetzt werden kann.

Die oben ausgeführte Rechnung kompliziert sich in dem Augenblick, wo mehrere Relationen vorhanden sind und die Bedienung dieser entsprechend dem Fluktuieren der saisonalen Verkehrsaufkommen schwankt. Auf die Wechselbeziehungen zwischen Auslastung und

[6]) Rummel Kurt: Einheitliche Kostenrechnung, Düsseldorf 1949, S 68.

[7]) Diese in Anlehnung an die Betrachtungsweise Illetschkos ausgeführte Darstellung unterscheidet sich von jener insofern, als die „Intensität der Bewegungszeit" von Illetschko nicht eigens unterschieden wird. Nach Illetschko entspricht daher die Zeitnutzung unserem Zeitnutzungsfaktor.

Der Zeitnutzungsfaktor bei der NYA

Zeit	Tage	Stunden	Zeitgrad	Nutzungsfaktor	Bewegungsintens.	Zeitnutzung	Zeitnutzungsfaktor
Kalender	365	à 24^h = 8760^h					
Stillstandszeit	62	à 24^h = 1488^h	83%				
Betriebszeit	303	à 24^h = 7272^h					10,92
Wartezeit	303	à $19{,}8^h$ = $5999{,}4^h$		17,5			
Beweg.-Zeit	303	à $4{,}212^h$ = $1272{,}6^h$				13,16	
Abfertigungs- u. Verzögerungszeit	303	à $1{,}045^h$ = $316{,}6^h$			75,18		
Flugzeit	303	à $3{,}167^h$ = 956^h à 145 km/h = 138.716,3 Flug-km					

Zeitnutzungsfaktor wird später eingegangen werden. In diesem Zusammenhang interessiert lediglich die Zeitberechnung der Vehikel aus den Relationen, wie sie für den per 30. Oktober 1955 für die NYA erstellten Flugplan Gültigkeit hatte und aus nachstehender Tabelle ersichtlich ist.

Relationen / Helikopter	Bewegungszeit in h: Flugzeit	Abf.-Zeit	insgesamt	Wartezeit in h	Betriebszeit in h	Helikopterverwendungen: H_1 (Leerzeit)	H_2	H_3 (Gesamtzeit)	H_4	H_5
R I	$8^h 13$	$2^h 41$	$10^h 54$	$13^h 06$	24^h	w_1	w_2	w_3	w_4	w_5
R II	$7^h 48$	$2^h 09$	$9^h 57$	$14^h 03$	24^h	x_1	x_2	x_3	x_4	x_5
R III	$2^h 05$	$0^h 49$	$2^h 54$	$21^h 06$	24^h	y_1	y_2	y_3	y_4	y_5
R IV	$1^h 28$	$0^h 48$	$2^h 16$	$21^h 44$	24^h	z_1	z_2	z_3	z_4	z_5
H_1	$8^h 13 \cdot w_1$ $7^h 48 \cdot x_1$ $2^h 05 \cdot y_1$ $1^h 28 \cdot z_1$		etc.			1.488		8.760		
H_2						1.488		8.760		
H_3						1.488		8.760		
H_4						1.488		8.760		
H_5						1.488		8.760		

In diesem Falle tritt ein aufbauender Rechenvorgang ein, eine Rechenoperation, die von unten nach oben schreitet: Bewegungszeit, Wartezeit und Betriebszeiten der einzelnen Fluggeräte für den jeweiligen Umlaufakt, Umlaufszahl der Flugzeuge auf den entsprechenden Relationen in der Beobachtungsperiode, bzw. pro Arbeitstage ergeben den auf Relationen und Vehikel abgestellten Zeitnutzungsfaktor; er gilt nur für die Dauer des erstellten Flugplanes und beträgt im konkreten Fall 19,22%.[9])

Bei der praktischen Erläuterung dieses Blickwinkels der Berechnung des Zeitnutzungsfaktors wurde aus Gründen der Einheitlichkeit ebenfalls auf die Angaben der NYA zurückgegriffen. Das Rückgrat des Verkehrsbildes bei der NYA bildet die Circle-Relation La Guardia - Newark - Idlewild - La Guardia. Der außergewöhnlich hohe Zeitnutzungsfaktor von 28,41 %, wie er sich aus der detaillierten Berechnung der Tabelle ergibt, der durch zwei Helikopter gehalten werden könnte, wäre technisch auf die Dauer undenkbar. Tatsächlich ist es ja auch so, daß diese sehr frequentierte Relation nicht ständig von den gleichen Helikoptern geflogen wird. Entsprechend der Notwendigkeit, die Fluggeräte laufend kleineren und größeren Kontrollen zu unterziehen, werden sie in diesem Fall auf weniger starken bzw. schwachen Relationen eingesetzt. Dadurch entsteht die Möglichkeit, ohne Störung des Betriebsablaufes die bei den Flugapparaten durch deren Gebrauch entstehenden technischen Mängel zu beseitigen. Wären die übrigen Relationen (Suburban-Service und Teterboro-Service) nicht gebildet worden, bestünde trotzdem die Notwendigkeit, mindestens einen Helikopter als Ersatz zu halten, dessen Zeitnutzungsfaktor null wäre, und damit den durchschnittlichen Zeitnutzungsfaktor ungünstiger beeinflussen würde als es durch die zusätzliche Indienststellung von drei Drehflüglern auf schwachen Relationen der Fall ist. Andererseits ist die zusätzliche Befliegung schwacher Relationen ein Schritt des Ausbaues zukünftiger Verkehrsaufkommen. Verkehrsgelegenheiten und Verkehrsaufkommen stehen in einer starken Interdependenz, so daß also das Hineintragen neuer Verkehrsgelegenheiten in den Raum bei an und für sich nicht ausreichendem ursprünglichen Verkehrsbedürfnis durch die Konstanz der Darbietung jener auf Grund eines starken betriebswirtschaftlichen Rückhalts in frequentierten Relationen zusätzliche Verkehrsaufkommen schafft und dadurch in rentable Strecken transformiert.

Mit der Betrachtung des Zeitnutzungsfaktors auf den einzelnen Relationen kann auch auf den Verfahrensunterschied hingewiesen werden, den die Länge der einzelnen Strecken unter den Transportbetrieben begründet. Lange Strecken bedeuten Fernverkehr (im Luftverkehr von 1260 km aufwärts) und damit lange Umlaufsdauer, geringe Umlaufszahl der Vehikel und somit einen strukturell bedingten günstigeren Zeitnutzungsfaktor als im Nahverkehr, wo die Entfaltung der technischen durchschnittlichen Fahrgeschwindigkeiten der

---

[9]) a) Die konkreten Zahlen über die Verwendung der einzelnen Helikopter auf den vier Relationen sind aus den verwendeteten Unterlagen nicht ersichtlich bzw. errechenbar. Es wurde daher ein für alle fünf Drehflügler in gleicher Weise geltender Durchschnitt insofern gebildet, als die Gesamtsumme der Flugzeiten, die sich aus der Addition der Produkte aus Zahl der Arbeitstage und Flugzeit pro Tag auf den einzelnen Relationen errechnet, durch fünf dividiert wurde und zur Gesamtzeit ins Verhältnis gesetzt wurde (19,22%).

b) Jene Möglichkeit vorausgesetzt, ergäbe sich ein Zeitnutzungsfaktor von nur 9,47% gegenüber einem tatsächlichen von 10,92%.

Flugzeuge durch häufige Abfertigungshandlungen, Verzögerungen bei Start und Landung etc. nicht recht zu Einfluß zu gelangen vermögen. Innerhalb des Rahmens, der es gestattet, von Luftnahverkehr zu sprechen, läßt sich jedoch bei gegebener Flugzeit und bei festgesetzten Transporteinheiten jene kostenoptimale Relation errechnen, deren Ausnützung unter Umständen bedeutende Kostenunterschiede pro tkm gegenüber davon abweichenden Streckenlängen begründet. Außerdem ist der sogenannte „short-haul-market" ein unausschöpfbares Reservoir von Verkehrsaufkommen, so daß ein schlechter Zeitnutzungsfaktor durch eine bessere Gesamtauslastung gegenüber dem Fernverkehr überrundet werden kann, ganz abgesehen davon, daß die betriebswirtschaftlich relevante Tatsache der geringeren Kapitalbildung im Nahverkehr — geringere Umlaufsdauer der Vehikel bedingt höhere Umlaufszahl — Bedeutung gewinnt.

Somit ist der Zeitnutzungsfaktor bei gegebener Ladefähigkeit und Geschwindigkeit der Vehikel und vorgeschriebenen Relationen der maßgebliche Bestimmungsfaktor der Betriebsleistung, wird jedoch seinerseits wieder durch die Wahl der Relation beeinflußt; die gleiche Betriebsleistung kann durch viele Transporteinheiten über kurze Distanzen oder durch wenige Transporteinheiten über lange Strecken erreicht werden.

c) Die Auslastung, die Voraussetzung der Marktleistung

Bei der Betrachtung des Zeitnutzungsfaktors wurde die Ladefähigkeit der Vehikel als gegeben vorausgesetzt. Man darf jedoch u. E. verallgemeinernd sagen, daß mit der Größe der Relation auch die Ladefähigkeit der sie bedienenden Transportmittel zunehmen wird. Es scheint im ersten Augenblick ein Widerspruch zu der Tatsache zu sein, daß der Kurzstreckenverkehr mehr Personen befördern muß als der Fernverkehr. Der Umstand aber, daß die Größe der Transporteinheiten gegenüber der Vielzahl der zu bietenden Verkehrsgelegenheiten im Nahverkehr zurücktritt, gibt der ersten Auffassung ihre Richtigkeit. Die unterschiedliche kapazitive Ladefähigkeit bei den für die verschiedenen Verkehrsformen spezialisierten Transportbetrieben ist demnach ein strukturelles Merkmal für diese; dagegen spricht auch nicht die allgemeine Tendenz, Transportmittel mit noch größeren Ladefähigkeiten sowohl im Nah- als auch im Fernverkehr zu verwenden.

Nach Illetschko [10]) ist eine Gewichts- und eine Fahrauslastung zu unterscheiden, die in ihrer multiplikativen Verknüpfung die Gesamtauslastung bzw. die Auslastung schlechthin ergeben. Gewichtsaus-

---

[10]) Illetschko, a. a. O. S. 78.

lastung ist das Verhältnis zwischen angebotener und ausgenützter Beförderungslast der Vehikel. Die Gewichtsauslastung muß stets kleiner als 1 sein, weil die Sperrigkeit der Güter eine Vollauslastung nicht erlaubt. Der Personenverkehr zwingt zudem stets zu einer kleineren als ursprünglich möglichen Gewichtsauslastung, da durch die Adaptierung der Fahrzeuge für den Personenverkehr zusätzliche Eigenlast entsteht.[11]) Für den Helikopterverkehr im besonderen ist zu berücksichtigen, daß die anbietfähige Ladefähigkeit von den Außentemperaturen abhängt. Die S-55 z. B. kann an heißen Sommertagen nur 6—7 Personen befördern, an kalten Tagen aber sogar 10—11. Die andere Komponente der Auslastung bildet die Fahrauslastung; es ist dies jenes Verhältnis, das sich aus der Gegenüberstellung der Leerkilometer des Vehikels, die es zur bzw. von der Last von bzw. zu seinem Standort zurücklegen muß, zu dessen Lastkilometern ergibt. Daraus folgt, daß die Befahrung einer Relation ohne Last die Gewichtsauslastung und nicht die Fahrauslastung tangiert. Im Linienverkehr, dem die regelmäßige Befahrung von Relationen entspricht, ist die Fahrauslastung in der Größe 1 starr gebunden. Verbesserungen der Rentabilität eines solchen Unternehmens sind unter diesem Blickwinkel nur durch bessere Gewichtsauslastungen zu erreichen. Der Gelegenheitsverkehr dagegen kann zu Gunsten einer besseren Gewichtsauslastung [12]) eine Fahrauslastung, die kleiner als 1 ist, in Kauf nehmen. So resultiert aus der Differenzierung der Auslastung in Gewichts- und Fahrauslastung jener Verfahrensunterschied bei den Transportbetrieben, der sie in die Verkehrsformen entweder des Linienverkehrs oder des Gelegenheitsverkehrs einreiht.

So schwierig und aufschlußreich die tatsächliche Erfassung dieser Zusammenhänge für einen Transportbetrieb des Gelegenheitsverkehrs sein mag, so einfach bestimmt sich die Größe der Auslastung in Betrieben, die sich dem Linienverkehr widmen. Da die Fahrauslastung 1 ist, deckt sich die Gesamtauslastung mit der Gewichtsausauslastung. Durch das Verhältnis $\frac{\text{Nettotonnenkilometer}}{\text{Ladetonnenkilometer}}$ lassen sich die Kosten der Betriebsleistung, die allein kostenverursachend sind, auf die Marktleistung beziehen, „weil jene Betriebsleistung, die nicht Marktleistung wird, für die Marktleistung kostenerhöhend wirkt." [13])

Die durchschnittliche Auslastung der NYA betrug für die Betriebsperiode 1. Oktober 1954 bis 30. September 1955 47,07% für das letzte Quartal jedoch 57,17%.[14])

---

[11]) Ein Passagierflugzeug der Touristenklasse mit 75 Sitzplätzen könnte als Frachtmaschine durch Herausnahme der Sitze um 1,5 t mehr Ladefähigkeit anbieten.

[12]) Illetschko, a. a. O. S. 81.

[13]) Illetschko, a. a. O. S. 81.

[14]) Dieser Unterschied erklärt sich aus dem großen Touristenüberseeverkehr in diesen Monaten, der eine starke Benützung des „Inter-Airport-Shuttle-Service" verursachte.

d) Der Grad der Effizienz [15])

Das Produkt aus Zeitnutzungsfaktor und Gesamtauslastung bildet den Grad der Effizienz; dieser Effizienzgrad ist jene perzentuelle Größe, die die tatsächlich durch den Markt in Anspruch genommene Transportleistung eines Betriebes, dessen technisches Leistungsvermögen schon durch den einmal gewählten Organisationsablauf primär eingeschränkt wurde, darstellt. „Die ‚Kapazität' des Transportbetriebes ist bei rein technischer Betrachtung immer eine große ‚Überkapazität', aber in wirtschaftlicher Betrachtung reduzieren Zeitnutzung und Gesamtauslastung dieses Vielfache erheblich. Der Industriebetrieb ist in der Lage, die technische Kapazität seiner Marktlage viel enger anzupassen, er kann die Zeitnutzung mit großer Exaktheit durch Zwanglauffertigung bemessen und die Auslastung durch Vorratsbildung gleichmäßig gestalten. Der Transportbetrieb muß dem in täglicher und saisonaler Schwankung wechselnden Rhythmus der Transportbedürfnisse entsprechen und kann nicht speichern. Er ist daher, technisch gesehen, überdimensioniert aufzurichten und es bleibt dem Dispositionsgeschick seiner Leitung überlassen, durch die Verfahrenswahl betriebsorganisatorisch die Zeitnutzung bestens zu erfüllen und durch die Anpassung an die konkrete Konfiguration der Distanzen die entfernungsmäßige Auslastung sowie durch die Stellung im Markt die mengenmäßige Auslastung in ein verträgliches Verhältnis zu bringen." [16])

Es zeigt sich aber auch, daß die von einer Änderung des Zeitnutzungfaktors ableitbaren Kostenabhängigkeiten im Hinblick auf die Unrechenbarkeit der sie begleitenden Gesamtauslastungsverschiebung viel problematischer wird als im Industriebetrieb, bzw. daß die Betrachtung der Kostenentwicklung in Transportbetrieben immer nur auf die effektive Betriebsleistung abgestellt werden kann.

Nach diesen Darlegungen bedarf es wohl keines besonderen Hinweises, daß mit Erreichung eines Effizienzgrades in der Größenordnung von 20% wohl schon eine ausgezeichnete Verwendung der Betriebsmittel eines Transportbetriebes angenommen werden kann; aus dieser Perspektive gesehen, ist ein Effizienzgrad von nur 5,12%, wie er für die Betriebsperiode Oktober 1954/1955 bei der NYA errechnet wurde, gerade im Stadium des Ausbaues, durchaus nicht bestürzend.

---

[15]) Illetschko: Vorlesung über „Allgemeine Betriebswirtschaftslehre der Transportunternehmen", Wintersemester 1955/56, Wien – Hochschule für Welthandel.

[16]) Illetschko, a. a. O. S. 80 ff.

Die Kosteneinteilung des Flugbetriebes, und die wichtigsten Kostenarten im Helikopterbetrieb

1. Kosteneinteilung:

Die Einteilung der in Transportbetrieben anfallenden Kosten folgt den vier möglichen Funktionen, nämlich der Beförderungs-, Wegsicherungs-, Abfertigungs- und Hilfsfunktion. Die Beförderungsfunktion verursacht Fahrkosten, die Wegsicherungs- und Abfertigungsfunktion Haltungskosten und die Hilfsfunktion Sonderkosten. Diese Oberbegriffe der Kostenarten lassen für einen Flugbetrieb die folgende detaillierte Kosteneinteilung möglich erscheinen:

FAHRKOSTEN:

Personalkosten:

Gehälter des Bordpersonals (Piloten, Funker, Stewardess);
Fluggelder und Déplacemententschädigungen des Bodenpersonals;
Personalnebenkosten des Bordpersonals:
Personalversicherungen (gesetzlich und freiwillig), Umlagen und Steuern, Kosten für Bekleidung.

Betriebsstoffe:

Treibstoff und Öl

Reparaturen und Unterhaltung von Flugmaterial:

Ersatzteile und sonstiges Material
Monteurlöhne, Hilfslöhne und Nebenkosten
Fremdreparaturen.

Abschreibungen auf die Flugzeuge:

Abschreibung auf die Motore;
Abschreibung auf die Flugzeugzellen;
Abschreibung auf die wesentlichen Zellenbestandteile unterschiedlicher Lebensdauer.

Sonstige Fremdkosten:

Zubringerdienste;
Start- und Landegebühren, Gebühren für die Streckenbeleuchtung;
Mieten für gecharterte Flugzeuge;
Versicherungen für die Flugzeuge; für die Passagiere; Haftpflicht;
Steuern: Beförderungssteuer, Vermögenssteuer vom Wert der Flugzeuge etc.

Zinsen:

Zinsen für das zur Durchführung der Beförderungsfunktion notwendige Kapital.

HALTUNGSKOSTEN:

Personalkosten:

Gehälter des technischen und kaufmännischen Personals;
Reisen und Diäten des technischen und kaufmännischen Personals wie oben;

Personalnebenkosten des technischen und kaufmännischen Personals wie oben;
Ausbildungskosten.

Betriebsstoffe:

Strom, Gas, Wasser etc.
Büromaterialien, Prospekte, Flugpläne etc.

Reparaturen und Unterhaltung der Bodenanlagen:

Material ev. Ersatzteile;
Löhne und Hilfslöhne sowie deren Nebenkosten;
Fremdreparaturen.

Abschreibungen auf die Bodenanlagen:

Abschreibung auf die festen Anlagen;
Abschreibung auf die beweglichen Anlagen;
Abschreibung auf Instrumente und Reparaturen im bes.

Sonstige Fremdkosten:

Mieten: für Hallen und sonstige Gebäude oder Gebäudeteile; für bewegliche Bodenanlagen; für Instrumente und Apparate (Telefon, Fernschreiber, Buchungsmaschinen etc.)
Provisionen
Gebühren (Porti, Telegramme, Stempel, Gutachten)
Spenden;
Steuern: Grund- und Vermögenssteuern von den Bodenanlagen, Gewerbe- bzw. Körperschaftssteuer etc.
Versicherungen für die Bodenanlagen.

Zinsen:

Zinsen für das zur Durchführung der Wegsicherungs- und Abfertigungsfunktion notwendige Kapital.

SONDERKOSTEN:

Fallweise zu berücksichtigende Kosten bei der Durchführung von Spezialtransporten.

Die vorgenommene Einteilung der bei Transportbetrieben des Luftverkehrs möglichen Kostenarten in Fahr- und Haltungskosten zeigt bei den ersteren vorwiegend mengenproportionale, bei den letzteren vorwiegend zeitproportionale Kostenarten.

In der hier getroffenen Einteilung wurde bewußt von einer totalen Auflösung bestimmter Kostenkomplexe abgesehen; so sind in den Personalkosten auch Steuern, Umlagen, Versicherungen etc. enthalten, da ja der Zweck jeder Einteilung in der Schaffung einer bestmöglichen Übersicht besteht, die aber u. E. bei einer Zersplitterung dieser Faktoren gelitten hätte; dasselbe gilt von den Reparatur- und Unterhaltungskosten.

Es spricht nichts dagegen, die obige Einteilung der Kosten auch für einen Hubschrauberbetrieb zu übernehmen, doch sollen hier die wichtigsten Kostenarten bzw. Kostengruppen entsprechend der Themensetzung dieser Arbeit in der Reihenfolge des ausgearbeiteten Schemas eine eingehendere Behandlung erfahren.

2. Die wichtigsten Kostenarten beziehungsweise Kostengruppen eines Helikopterbetriebes

a) Personalkosten des Bodenpersonals:

Zur Durchführung eines Fluges mit einem Helikopter vom Typ S-55 genügt ein Pilot; er ist gleichzeitig auch Funker beziehungsweise Navigator. Die Stewardess ist bei beschränkter Passagierzahl und kurzen Distanzen verständlicherweise entbehrlich.

Die Piloten aller Fluggesellschaften werden in Form einer Kombination aus Zeit- und Leistungslohn bezahlt. Rummel bezeichnet dieses Entlohnungsverfahren als unterproportionales Gedinge oder Flachgedinge [17]). Überall dort wo eine Proportionalität zwischen erstellter Leistung und dem Leistungsersteller erstens vorhanden und zweitens meßbar ist, wird man trachten, die leistungsproportionale Entlohnung als ein für Arbeitgeber und Arbeitnehmer adäquateres Verfahren als das der reinen Zeitentlohnung anzuwenden.

Die Entlohnung des Piloten in Form eines reinen Zeitlohnes erschiene deswegen nicht gerechtfertigt, weil die wesentliche Aufgabe des Piloten im Steuern der Maschine besteht, als einem unabdingbaren Bestandteil der Durchführung der Transportleistung in Form der in Flug-km oder Flugstunden ausgedrückten räumlichen Überwindung.

Damit besteht zwischen der Leistung des Flugzeugführers und dem geflogenen Kilometern ein direkter, meßbarer Zusammenhang, der eine Leistungsentlohnung nahelegt. Andererseits bedarf die eigentliche Flugdurchführung gewisser technischer Vorbereitungshandlungen durch den Piloten, wie des Studiums der entsprechenden Wetterkarten, der endgültigen und letzten Überprüfung des betriebsfertigen Zustandes der Maschine etc; diese Leistungen des Piloten werden pauschaliert in Form eines Zeitlohnes abgegolten, der auch so bemessen sein muß, daß vorübergehende aber vielleicht empfindliche Rückgänge in der Beschäftigung des Betriebes dem Piloten dennoch eine ausreichende Lebensführung ermöglichen, da ja der Pilot als der persönliche Exponent der Fluggesellschaft an den Betrieb gebunden werden soll.

Die NYA beschäftigt bei einem Stand von fünf Helikoptern 15 Piloten; auf eine Maschine kommen demnach drei Piloten. Für dieses Zahlenverhältnis spielen kollektivvertragliche Bestimmungen sowie der Umfang des Ausbildungswesens unter Berücksichtigung zukünftiger Betriebserweiterungen eine maßgebliche Rolle, was von Land zu Land verschieden sein wird. Durchschnittlich erhält jeder Pilot der NYA im Jahr US-Dollar 8.963,— monatlich also rund öS 18.600,—. Für einen Hubschrauberpiloten in Österreich wurden monatlich öS 3.500,— und Fluggelder in der Höhe von öS 60,— pro Flugstunde vorgeschlagen; bezogen auf die Flugstunden der NYA lassen sich monatlich Fluggelder in der Höhe von öS 2.400,— errechnen, so daß das Lohnniveau der Hubschrauberpiloten in Österreich nur ein Drittel von dem in den USA zu erreichen vermöchte.[18])

Mit 15,67% nehmen die Kosten des Bordpersonals neben den Wartungskosten und Abschreibungskosten unter den Fahrkosten der NYA die dritte Stelle ein.

---

[17]) Rummel Kurt: Einheitliche Kostenrechnung; Düsseldorf 1949; 3. Auflage, S. 32.

[18]) Aus der Tatsache heraus, daß selbst für qualifizierte, hochwertige Angestellte des Helikopterbetriebes nur ein Drittel dessen gezahlt wird, was Hubschrauberpiloten in den USA erhalten, kann geschlossen werden, daß auch für die übrigen Angestellten eines solchen Betriebes das Lohnniveau höchstens ein Drittel von dem der USA erreichen wird.

b) Betriebsstoffe:

Man unterscheidet bei den Betriebsstoffen die eigentlichen Treibstoffe und die Schmiermittel. Der Verbrauch an letzteren ist, wenn auch nicht irrelevant, so doch verhältnismäßig gering und läßt sich in einem festen, durch die Erfahrung jeweils gegebenen Prozentsatz zu den Treibstoffkosten festsetzen. Dieser Prozentsatz beträgt für S-55 rund 10% der Treibstoffkosten.[19])

Die Höhe der Treibstoffkosten variiert entsprechend der Verschiedenartigkeit der Flugzeugtypen und innerhalb dieser wiederum je nach der Höhe des Kraftstoffpreises des betreffenden Landes.[20]) Mit Hilfe der technischen Standards Kg/PSh ist es aber dennoch möglich, den Werteinsatz objektiv zu erfassen. Die folgende Zusammenstellung dient der Vergleichsmöglichkeit des Treibstoffverbrauches von Hubschraubern verschiedener Größenordnung, wobei es keinen Unterschied macht, durch welches technologische Verfahren letztlich die Transportleistung vollzogen werden kann; auch sind den relativen Verbrauchszahlen absolute Zahlen beigegeben, um die Vorstellung über die tatsächliche Leistungskraft der einzelnen Baumuster zu vervollständigen.

Text	Flugzeugtypen bzw. -muster			
	Bell 47 G	S-55	S-58	Fairey Rotodyne
PS-Zahl	200	600	1.275	4.360
Nutzlast (Zahl der Passagiere)	3	8	12	36
Fahrgeschwindigkeit in km/h	125	145	187,2	270
Aktionsradius	125	150	435	270
Leistungsgewicht (kg-Nutzlast/PS)	1,35	1,25	0,941	0,83
Brennstoffverbrauch kg/PSh	0,1575	0,159	0,17	0,201
Brennstoffverbrauch im Verhältnis zur kleinsten Einheit	1,0000	1,007	1,08	1,115

Die Zahlenreihe der obigen Tabelle über Treibstoffverbrauch und Leistungsdaten bringt aus der Betriebserfahrung mit Starrflüglern bereits hinlänglich bekannte Tatsachen. Der absoluten Erhöhung der Nutzlast und der technisch durchschnittlichen Fahrgeschwindigkeit entspricht eine relativ stärkere Erhöhung der zu installierenden PS und des gesamten übrigen Anlagenapparates - das Leistungsgewicht sinkt. Auffallend und gegensätzlich ist jedoch die relative Zunahme der Betriebsstoffmengen mit zunehmender Größe der Motoren, die bei Starrflüglern unter denselben Voraussetzungen zuerst rascher, dann langsamer abnimmt.

In dem Bestreben, durch zunehmende Betriebserfahrung Einsparungen bei

[19]) Die Sabena gibt Treibstoffkosten in der Höhe von BFrs 6,44 und Kosten für Öle in der Höhe von BFrs 0,64 bekannt.

[20]) In der Türkei kostet ein Flug von der Länge Wien–München infolge des niedrigen Benzinpreises nur öS 228,–.

den einzelnen Kostenarten zu erzielen, wird jeder Betrieb die Kostenentwicklung in zeitlicher Abfolge zu kontrollieren bestrebt sein. Die erst kurze Betriebstätigkeit des kommerziellen Hubschrauberverkehrs bietet in dieser Hinsicht noch zu wenig Ansatzpunkte, doch interessieren in diesem Zusammenhang die diesbezüglichen Darlegungen Stauffer's [21]), der bei der Behandlung der Treibstoffkosten auch auf deren Zeitvergleich eingeht. Auf Walther aufbauend, kommt er zu der Feststellung, daß ein Zeitvergleich der Treibstoffkosten, der nur die Kostenhöhe und die geleisteten tkm berücksichtigt, noch zu wenig aussagt; erst durch die Einführung des „kapazitiven Beschäftigungsgrades" [22]) gelingt es, Aussagen über die Wirtschaftlichkeit des Treibstoffes zu machen.[23])

Grundsätzlich gelten diese Ausführungen für Zeitvergleiche aller interessierenden Kostenarten; u. E. enthält sie des Guten zu viel, da bei der Betrachtung der sogenannten Nettokostenkurve durch das Hineintragen der möglichen Leistungskraft des Betriebes in die Darstellung die Lösung der

Bruttokostenkurve

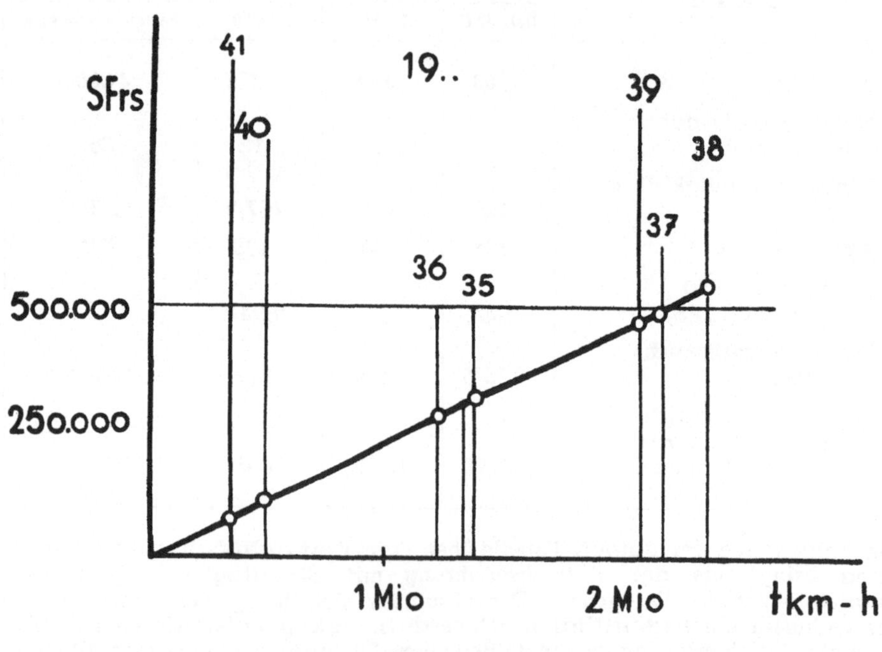

Figur 4

[21]) Stauffer: Beitrag zur Kostenlehre des Luftverkehrsbetriebes, Aero-Verlag 1945.

[22]) Der „kapazitive Beschäftigungsgrad" entspricht dem hier entwickelten Begriff des Zeitnutzungsfaktors des Betriebes, der um die unterschiedlichen Ladefähigkeiten und durchschnittlichen Fahrgeschwindigkeiten seiner Vehikel korrigiert wird.

[23]) Preisschwankungen werden dadurch ausgeschaltet, daß aus dem Preis je kg Treibstoff und dem Treibstoffverbrauch je 100 tkmh ein Preis je 100 tkmh in der Zeiteinheit gebildet wird. Der Durchschnittspreis wird aus der Summe der Preise der geleisteten tkmh durch Division der Zahl der beobachteten Jahre ermittelt.

Frage nach tatsächlicher Kosteneinsparung auf diesem Sektor nur noch verschleiert wird.

Für die Treibstoffkosten im besonderen gilt, daß Einsparungen gemacht werden können durch Verlängerung der täglichen Betriebszeit, durch die Wahl der günstigsten Flugwege sowie durch den Wegfall von Zwischenlandestationen; auch sei auf die treibstofferhöhende Wirkung hoher Außentemperaturen verwiesen.

Nettokostenkurve

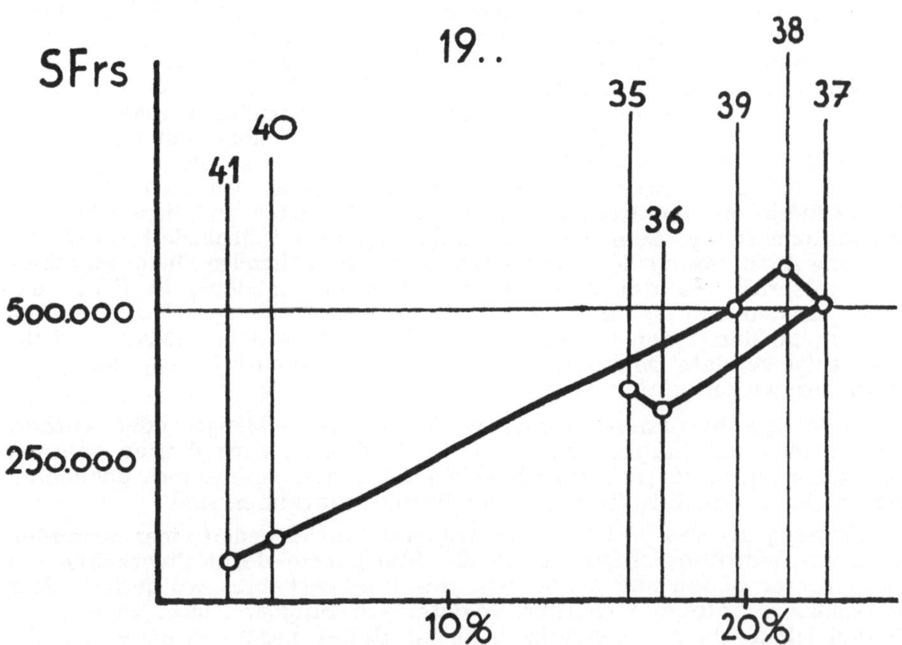

Kapazitiver Beschäftigungsgrad

Figur 5

Die NYA weist in ihrer Zusammenstellung für Benzin- und Ölkosten von ö.S 2,50 pro Flug-km aus, was einem Anteil von 9,37% an den Fahrkosten entspricht. Den europäischen Verhältnissen gerechter werden die Angaben der Sabena mit ö.S. 3,22 für Benzin und ö.S. 0,32 für Öl pro Flug-km der S-55.

c) Reparaturen und Unterhaltung am Flugmaterial:

Unter Reparaturen versteht man einen durch Material und Arbeitseinsatz vorgenommenen korrektiven Eingriff an der zu reparierenden Sache zum Zeitpunkt des Schadeneintrittes oder später. Im Begriff der Unterhaltung oder Wartung liegt eine vorbeugende, präventive Tätigkeit beschlossen;

Wesen und Aufgabe der Wartung bestehen darin, die vorgesehene Betriebsbereitschaft des zu wartenden Gegenstandes zu sichern. Die ständige Überwachung des Betriebsmittelapparates soll einen effektiven Schaden und damit einen temporären Ausfall der gewarteten Gegenstände gar nicht aufkommen lassen. Schaden an einem Gegenstand bedeutet ja nicht nur Kosten an Arbeitskräften und Material zur Behebung desselben, sondern zusätzliche Kosten durch den Ausfall des beschädigten Gegenstandes zur geplanten Leistungserstellung.

Somit umschließt der Begriff Wartung einen mehrfachen Leistungseinsatz: Organisationsleistungen zur Erstellung eines Überwachungs- und Inspektionsplanes der Betriebsmittel (der Helikopter) in Übereinstimmung mit der geplanten betrieblichen Bereitstellung derselben; Organisationsleistungen auch in den Maßnahmen bei Behebung eines dennoch eingetretenen Schadens. Arbeitsleistungen für die Überwachung und Inspektion des Flugmaterials und Behebung von deren Mängel, und schließlich „vorgetane" Leistungen in Form von Materialien, die bei der Durchführung von Instandhaltungs- und Reparaturarbeiten verwendet werden müssen. Praktisch entsteht damit die gesamte technische Abteilung mit ihrem technischen Direktor an der Spitze, den Bodeningenieuren als ausführenden Organen des Überwachungs- und Inspektionsplanes, den Monteuren und Hilfsarbeitern als unmittelbar ausführenden Organen und dem Material- und Ersatzteillager; zum Teil mehrmals horizontal gegliedert durch die räumliche Ausdehnung des Streckennetzes der betreffenden Fluggesellschaft. Dabei entspricht es der oben vorgenommenen Einteilung in Fahr- und Haltungskosten, die Gehälter des technischen Personals der Wegsicherungsfunktion und damit den Haltungskosten, die direkte Arbeit jedoch und das dabei aufgewendete Material als Folge der Flugdurchführung den Fahrkosten zuzuweisen.

Soweit infolge besonderer Umstände festgestellte Mängel oder vorhandene Schäden am Flugmaterial nicht durch den eigenen Betrieb behoben werden können, müssen betriebsfremde Leistungen in Anspruch genommen werden, deren Ausfluß die Kosten für Fremdreparaturen sind.

Das Flugzeug als das höchstwertige Transportmittel bedarf einer besonders intensiven Wartungsarbeit; sie ist für Fluggeräte des Nahverkehrs von noch größerer Bedeutung als für jene des Fernverkehres wo geringe Zeitschwankungen infolge technischer Mängel am Fluggerät nicht so sehr ins Gewicht fallen als im Nahverkehr. Es ist daher nicht verwunderlich, daß für diese präventive Tätigkeit im Flugbetrieb der NYA nicht weniger als 4,34 Arbeitsstunden pro Flugstunde errechnet werden.

Unter Berücksichtigung des Arbeitseinsatzes zur Behebung von dennoch eingetretenen Schäden erhält man eine Größe, die zwischen 4,34 und 7,6 Arbeitsstunden pro Flugstunde schwankt.

Berücksichtigt man weiter noch die Instandhaltungsarbeiten von Teilen des Fluggerätes, die nach deren Ausbau und Ersatz durch andere funktionsfähige losgelöst vom Flugzeug durchgeführt werden — Überholung ausgebauter Motore, Radioanlagen etc. — für die erfahrungsgemäß ein bis zwei Arbeitsstunden pro Flugstunde veranschlagt werden müssen, so ergibt sich ein maximaler Arbeitseinsatz von 9,6 Arbeitsstunden pro Flugstunde.

Die hohe Belastung der Flugstunde durch Arbeitsstunden läßt die Suche nach Einsparungsmöglichkeiten auf diesem Sektor äußerst wichtig erscheinen. Zunehmende Betriebserfahrung hat auch tatsächlich schon bedeutende Fortschritte erzielen lassen; unter Beibehaltung des Prinzips der größtmöglichen Sicherheit ist es der NYA auf Grund der angesammelten Erfahrungen gelungen, innerhalb von zwei Jahren den Inspektions- und Servicezyklus derart auszudehnen, daß die anteilmäßige Belastung der Flugstunde um 1,7 Arbeitsstunden auf 2,63 Arbeitsstunden pro Flugstunde herabgesetzt werden konnte. Zudem wurde durch sachgemäßere Behandlung wichtiger Teile des Flugapparates eine Ausdehnung für Überholungsperioden für diese erreicht, die nicht weniger als US Dollar 6,08 pro Flugstunde an Kostenersparnis erbrachten. Schließlich kann mit Sicherheit gesagt werden, daß eine Abnahme der Wartungskosten mit zunehmender Größe der Relationen erfolgt; nichts beansprucht das Material sosehr als Start- und Landungsmanöver, jene Momente geballter Kraft, wo bei höchster Inanspruchnahme des Fluggerätes die geringste Transportleistung erzielt wird[24]).

Mindestens ebensoviel als die Kosten für die Arbeitskraft ausmachen, muß für den Materialeinsatz aufgewendet werden[25]); nicht zuletzt ist diese starke Belastung durch hohe Lagerkosten hervorgerufen.

Anwachsen der Überholungsperioden für wesentliche Flugzeugteile der S-55 durch sachgemäßere Behandlung[26])

Bestandteile	15.Okt. 1952	1. Jän. 1954	Zuwachs
	in Flug - h		in%
Hauptantriebswelle	600	700	17
Motor	600	700	17
Kupplung	240	300	25
Heckgetriebekasten	480	600	25
Hauptgetriebekasten	300	410	37
Rotorblätter	1200	1800	50
Heckrotorantriebswelle	480	1200	150

Zur Gewährleistung eines reibungslosen Betriebsablaufes muß ein Mindestlager an Ersatzteilen gehalten werden. Dieses Lager setzt sich aus einer im voraus ziemlich genau berechenbaren Größe von Ersatzteilen für sehr stark beanspruchte und kurzlebige Flugzeugbestandteile sowie aus einem ebenfalls im vorhinein errechenbaren Satz von Austauschaggregaten zusammen; dazu kommt eine Reserve an Ersatzteilen für unvorhergesehene Schadensfälle, deren Größe und Beschaffenheit durch das Zahlenmaterial der statistischen Abteilung des Betriebes nach einer Reihe von Beobachtungsjahren allerdings nicht im antizipativen Wege festgelegt werden kann. Dies alles unter Berücksichtigung der zeitlichen Länge des Bestell- und Anlieferungsvorganges und der dabei auftretenden Unsicherheits- beziehungsweise Verzögerungsmomente.[27]) Ein derartiges Lager umfaßt, ebenfalls nach den Angaben der Sabena, wertmäßig 40% des Gesamtwertes der Luftflotte.

Hohe Kapitalbindungskosten, Versicherungskosten des gelagerten Materials, Kosten des Lagerpersonals und des Lagerraumes unterstreichen die Wichtigkeit einer Kosteneinsparung beim Materialeinsatz. Vor allem kann

---

[24]) Dieser direkte Zusammenhang zwischen Relationsgröße und Kosteneinsparung möge nicht verwechselt werden mit der von der Relationsgröße abhängigen Gesamtkostenentwicklung, was in dem Abschnitt über die kostenoptimale Auflagengröße behandelt wurde.

[25]) Die Arbeitskosten pro Flug-km wurden von der Sabena mit öS 2,28, die für Ersatzteile mit öS 4,– pro Flug-km angegeben. Unter den Kosten für Ersatzteile sind jedoch wesentliche Bestandteile der Zelle mit davon unterschiedlicher Lebensdauer angeführt; so etwa die Rotorblätter, deren Kostenbelastung richtigerweise den Abschreibungskosten zuzurechnen wäre und in diesen die Kosten für Ersatzteile zu hoch erscheinen lassen.

[26]) Gekürzt entnommen aus „Experience of NYA on Maintenance of Helicopters", St. Louis 1954.

[27]) Oberparleiter DDr. Karl: Funktionen und Risiken des Warenhandels, Wien 1955, Seite 31.

eine wirksame Kosteneinsparung durch technische Verfeinerung der wichtigsten Flugzeugbestandteile erwartet werden; ist es doch bereits gelungen, die Lebensdauer der Rotorblätter durch Materialverbesserungen auf Grund eingehender Untersuchungen bei der S-55 von 1.200 Flugstunden auf 1.800 Flugstunden hinaufzusetzen; das allein brachte eine Kosteneinsparung auf dem Materialsektor von Dollar 3,30 pro Flugstunde mit sich. Daneben spielt auch hier die Länge der zu fliegenden Relationen eine bedeutende Rolle.

Für die Kostengruppe Reparaturen und Unterhaltung am Flugmaterial hat die NYA Kosten in der Höhe von ö.S. 8,33 pro Flug-km, das sind 32,43% der gesamten Fahrkosten.

d) Abschreibung auf die Flugzeuge:

Die Höhe der Abschreibungskosten für Flugzeuge im allgemeinen und für Hubschrauber im besonderen sind zweifach ungünstig beeinflußt. Einerseits sind die Anschaffungskosten sehr hoch [28]), die Lebensdauer ist jedoch relativ gering, sie muß wegen der Gefahr der Überlastung, abgesehen von der technischen Leistungsmöglichkeit, auf alle Fälle mit höchstens fünf Jahren angesetzt werden.[29])

Es ergibt sich somit bei diesen hochwertigen Verkehrsmitteln ein Wettlauf zwischen Leistungserstellung und der durch die Überalterungsgefahr gesetzten Zeitspanne; dementsprechend muß die Frage nach der Art der Abschreibung des Fluggerätes unter Berücksichtigung der vollführten Leistung und der technischen Überalterungsgrenze gelöst werden.

Ausgangspunkt der Darstellung in Figur 6 ist der 600 PS Pratt & Whittney Motor einer S-55; die Anschaffungskosten eines solchen Motores betragen rund öS 335.000,—, die Leistungsdauer kann mit 2.900 Flugstunden angegeben werden. Die gleichmäßige Abschreibung von Jahr zu Jahr innerhalb einer Periode von fünf Jahren setzt daher eine jährliche Flugstundenzahl von 580 voraus. Wird diese Zahl unterschritten, so wäre es wegen der mit fünf Jahren angesetzten Überalterungsfrist unrichtig, nach geleisteten Flugstunden bzw. Flug-km abzuschreiben; es müßte nach Zeiteinheiten, also nach Jahren, abgeschrieben werden, wodurch sich bei einer derart geringen Leistungserstellung eine stärkere Belastung der Flugstunde bzw. Flug-km durch Motorenabschreibung als bei rein leistungsmäßiger Vorgangsweise ergibt. Die technische Überalterungsgefahr und die daraus resultierende Frist bildet die Grenze zwichen leistungsmäßiger und zeitmäßiger Abschreibung.

Diese Überlegungen gelten in gleicher Weise für die Flugzeugzelle und wertmäßig bedeutsame Bestandteile des Fluggerätes mit davon unterschiedlicher Lebensdauer, sofern diese annähernd richtig und ohne große Schwierigkeiten abgeschätzt werden kann.

Für die zahlenmäßige Berechnung eines Abschreibungssatzes pro tkm bilden wiederum die Angaben der NYA die Grundlage.

Bei einem gegebenen Anschaffungswert von öS 335.000,— für den Motor, einer Lebensdauer von 2.900 Flugstunden und einer technischen Fahrgeschwindigkeit von 145 kmh erhalten wir einen Abschreibungssatz von

[28]) Da in jedem Fluggerät ein Teil der Kosten für den Weg enthalten ist, der jedesmal neu erstellt werden muß.

[29]) Bei Frachtmaschinen kann die Zeitspanne für die technische Überalterung länger bemessen werden; sind die Abschreibungssätze darauf abgestellt, so ermäßigen sich dadurch die Abschreibungskosten und damit die Fahrkosten entsprechend.

Leistungs- oder Zeitabschreibung im Hinblick auf die technische Überalterungsgrenze

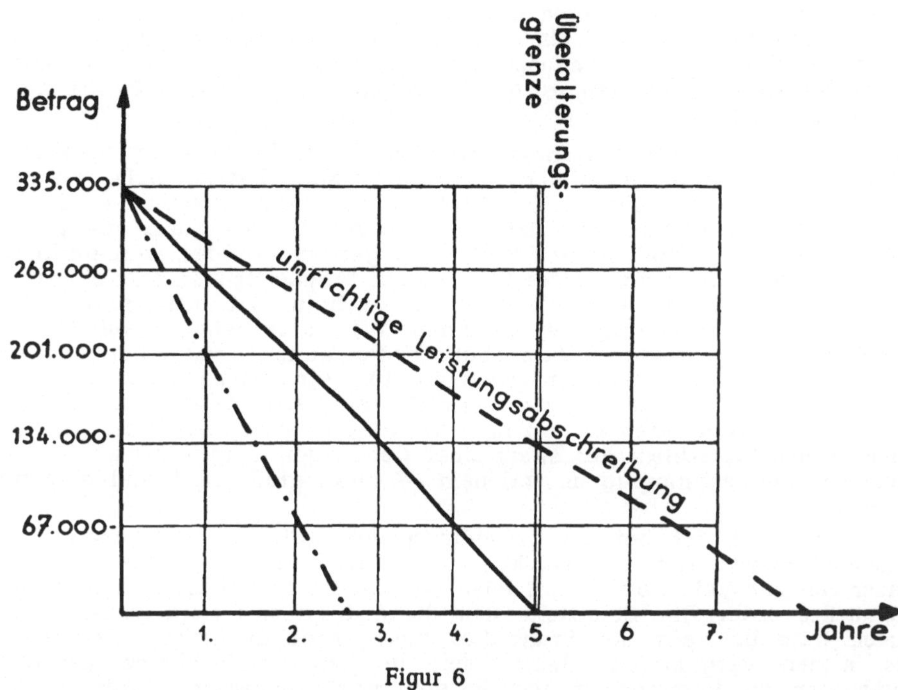

Figur 6

77 Groschen pro Flug-km.[30]) Berücksichtigt man ferner, daß eine Nutzlast von 750 kg [31]) befördert werden kann, so ergibt sich ein Abschreibungssatz von öS 1,03.

Diese hohen Abschreibungskosten werden durch die starken Vibrationen letzten Endes bedingt, denen der Motor während des Flugbetriebes ausgesetzt ist. Man erhofft sich von dem Einsatz von Turbinenaggregaten einen wesentlich ruhigeren Lauf und damit eine Erhöhung der Lebensdauer des Motors.

Die Lebensdauer der Zelle einer S-55 wurde mit 5.700 Flugstunden angegeben; da die NYA jährlich 1.379 Flugstunden je Helikopter leistet, ist auch für die Zelle eine leistungsmäßige Abschreibung möglich, da die Grenze für den Übergang zur zeitmäßigen Abschreibung bei 1.140 Flugstunden im Jahr liegt. Analog zu dem oben durchgeführten Berechnungsschema resultiert für die Flugzeugzelle der S-55 ein Abschreibungssatz von öS 40.835,—,

---

[30]) $\frac{335.000,- \,.\, 100}{2900 \,.\, 145}$ bzw. $\frac{0,77 \,.\, 1000}{750}$

[31]) Die Größe der Nutzlast hängt von der zu befliegenden Entfernung ab; je größer die zurückzulegende Distanz ist, desto stärker wird die ursprüngliche Nutzladefähigkeit zu Gunsten eines größeren Treibstoffvorrates eingeschränkt werden. Eine Nutzlast von 750 kg wurde für die S-55 bei einer vorgesehenen Entfernung von 160 km errechnet. Im allgemeinen beschränkt sich die Darstellung der einzelnen Kostenarten daher auf die Berechnung der Kosten pro Flug-km.

wobei der Wert der Zelle abzüglich Motor und Rotorblätter mit öS 3,370.000,— festgelegt werden konnte.

Neben den bereits angeführten Kosteneinsparungsmöglichkeiten durch Ersatz des Kolbenmotors durch ein Turbinenaggregat können weitere Möglichkeiten in billigeren Beschaffungspreisen gesehen werden, die in dem Augenblick wirksam werden, wo die naturgemäß sehr hohen Entwicklungskosten abgebaut werden.

Eine vollkommen richtige Abschreibung wird sich wohl nie erreichen lassen. Denn die Genauigkeit jeder Kostenrechnung findet dort ihr Ende, wo die zusätzlichen Kosten dafür wirtschaftlich nicht mehr vertretbar sind. So wäre es etwa wünschenswert, daß spezielle Abschreibungssätze für jeden wesentlichen Bestandteil eines Drehflüglers gebildet würden, weil dadurch im voraus eine Genauigkeit des bei der Leistungserstellung entstehenden Kostenanfalles erreicht wird, die ansonsten auch im nachhinein infolge der ungleichmäßigen Belastung der einzelnen Wirtschaftsperioden auf Grund der Kosten für Ersatzteile nicht erlangt werden kann. Durchführbar ist eine Vorantreibung der Abschreibungsteilung für ein Produktionsmittel nur dort, wo es sich um relativ große Werte der einzelnen Anlageteile handelt, deren Lebensdauer aber zu dem noch hinlänglich genau bestimmt werden kann, so daß tatsächlich der Zweck einer derartigen Vorgangsweise — genauere Kostenbestimmung im vorhinein — ohne großen Aufwand erreicht wird.

Ein solcher Fall ist bei der Behandlung der Rotorblätter gegeben. Mit einem Neuwert von öS 300.000,— und einer genau fixierten Lebensdauer von zur Zeit 1.800 Flugstunden würde die Einbeziehung dieses Bestandteiles unter die Ersatzteilkosten diese Kostenart stark verfälschen; zudem träte im Jahr des Ersatzfalles eine erheblich stärkere Belastung als in den vergangenen Jahren ein; um zu vergleichbaren Erfolgsrechnungen zu kommen, müßten in den vorhergehenden Jahren schon Rückstellungen auf spätere Ersatzbeschaffung gemacht werden. Damit wird jedoch auf Umwegen dasselbe erreicht, was durch die anteiligen Abschreibungsquoten für diese Bestandteile direkt berücksichtigt wird. Die NYA führt in ihrem „Statement of direct Aircraft Operating Expenses" unter „Depreciation other Flight Equipment" diese Kostenbelastung derartiger Bestandteile mit öS 2,515 pro Flug-km an, wovon allein auf die Rotorblätter öS 1,149 entfallen.

Somit ergibt sich für die S-55 im Flugbetrieb der NYA ein Gesamtabschreibungssatz, der rein leistungsmäßig erstellt wurde, von öS 7,3685 pro Flug-km. Daß die Sabena in ihrer Kostenzusammenstellung nur öS 4,55 an Abschreibungskosten pro Flug-km angibt, ist die Folge der verschiedenen Behandlung von Teilen des Fluggerätes als Ersatzteil anstatt als Anlagegut.

e) Sonstige Fremdkosten:

Die Kosten im Zubringerdienste entfallen im Hubschrauberverkehr, da die Heliports im Zentrum großer Siedlungen angelegt werden sollten. Dadurch tritt jedoch auch kein bedeutender Kostenvorteil gegenüber dem Starrflüglerbetrieb auf: Die Autobetriebskosten sind an und für sich im Verhältnis zum Gesamtkostenetat einer Fluggesellschaft gering; außerdem sind die IATA-Fluggesellschaften dazu übergegangen, die Zubringerkosten im Personenverkehr vom Beförderungspreis für die Flugleistung auszuschließen und auf den Passagier zu überwälzen.

Im Wegfall der Kosten für die Zubringerdienste bei einem Betrieb mit Drehflüglern drückt sich daher nicht so sehr eine Kosteneinsparung aus als vielmehr ein Zeitvorteil durch Ausschaltung eines indirekten Verkehrs, der den Hubschrauberverkehr für Kurzstrecken nahelegt.

Start- und Landegebühren sind, soferne sie überhaupt anfallen, zu den Fahrkosten zu rechnen, wenn die Heliports, wie es im allgemeinen der Fall sein wird, von betriebsfremden Wirtschaften bereitgestellt werden. Gehören sie jedoch der Fluggesellschaft, so erhöhen sich die Gesamtkosten durch eine zusätzliche Abschreibungsquote im Rahmen der Kostenart Abschreibung auf die Bodenanlagen und belasten somit die Gruppe Haltekosten.

Start- und Landegebühren als Teile der Fahrkosten nehmen eine Zwischenstellung in der Kostenklassifikation nach fixen und proportionalen Kosten ein. Fix sind sie deshalb nicht, weil die Gebühren erst mit der Leistungserfassung, dem Fliegen, bzw. dem Anfliegen und Landen entstehen. Veränderlich sind sie nicht, weil sie unabhängig von der erstellten Leistung, dem zurückgelegten Weg, anfallen. Als mit der Beförderungsleistung unmittelbar zusammenhängend, sollen jedoch Start- und Landegebühren den Fahrkosten zugerechnet werden.

Es ist jedoch nicht immer so, daß im kommerziellen Hubschrauberverkehr derartige Gebühren zu bezahlen sind. Der Hubschrauberverkehr der Sabena z.B. ist durch Start- und Landegebühren nicht belastet, da die Errichtung und Instandhaltung der Heliports zur Gänze zu Lasten der betreffenden Stadtverwaltung geht. Ein solcher Standpunkt wäre auch für einen österreichischen Hubschrauberverkehr begrüßenswert. Salzburg z.B. trug sich vor kurzem mit dem Gedanken, einen Flugplatz für Langstreckenflugzeuge zu bauen, beziehungsweise den bereits vorhandenen Flughafen dahingehend auszubauen; um das zu erreichen, hätte man im letzteren Falle die vorhandenen Durchgangsstraßen in unterirdische Tunnels verlegen müssen, große Erdarbeiten wären in jedem Falle erforderlich gewesen und damit eine große finanzielle Belastung der Auftraggeber. Mit wesentlich geringeren Mitteln ließe sich ein Helikopterflugplatz im Zentrum der Stadt einrichten,[32]) von wo aus Helikopterverbindungen zu dem nahegelegenen internationalen Flughafen Riem/München einen wesentlich intensiveren Anschluß an das Weltluftverkehrsnetz würden erwarten lassen. Treten Krisenzeiten ein, so werden jene internationalen Luftverbindungen zuerst nachgeben, die ein geringes Verkehrsaufkommen zeigen. Als Beispiel sei nur auf die unterschiedliche An- und Abflughäufigkeit Salzburgs während der saisonalen Schwankungen im Sommer und Winter hingewiesen. Große Kapitalien liegen dann ungenützt; der Binnenverkehr bleibt jedoch beständiger. Vom Standpunkt der besseren Verkehrsbedingung einer Stadt mit geringer Entfernung zu bereits vorhandenen internationalen Flughäfen ist es daher im Sinne einer besseren und rationelleren Verkehrsbedingung durchaus vertretbar, dem Kurzstreckenflugverkehr durch Drehflügler Landungsplätze im eigenen Interesse kostenlos zur Verfügung zu stellen.

„Versicherungskosten sind in Form von Fremdkosten anfallende Wagniskosten“,[33]) bedeuten also kalkulierbares Wagnis. Ist die Zahl der Vehikel bei einem Verkehrsbetrieb so groß, daß das Gesetz der großen Zahl Gültigkeit erlangt, so wird der Betrieb Eigenversicherung durchführen, solange die Prämien der Versicherungsgesellschaften darüber hinaus gehen.[34])

---

[32]) Nach Angaben der Sabena wäre mit einem Betrag in der Höhe von ö. S 1,250.000 zu rechnen.

[33]) Stauffer: a. a. O.

[34]) Die Sabena nimmt für ihre Helikopter im Zusammenhang mit dem Fahrpark an Starrflüglern Eigenversicherung vor.

Eine 13prozentige Prämie vom Wert des Fluggerätes kann als Richtgröße für die für Starrflügler geltenden Versicherungsprämien angesetzt werden. Wie sehr dieser Satz im Hubschrauberverkehr entsprechend den den Drehflüglern inhärenten höheren Sicherheitseigenschaften gegenüber denen der Starrflügler zu vermindern wäre, kann aus der nachstehenden Statistik ersehen werden.

Unfallstatistik amerikanischer Zivilaviatik.[35])

Arten der Unfälle	Linienverkehr	Privatflugverkehr
Zusammenstoß mit anderen Flugzeugen	—	0,6%
Zusammenstoß mit sonstigen Objekten	9,4%	3,3%
Vrille oder Geschwindigkeitsverlust	—	44,4%
Freiwillige Landung	56,6%	15,3%
Beim Start	7,5%	14,6%
Beim Rollen	17,0%	12,6%
Brand während des Fluges	—	0,5%
Konstruktionsmängel	—	1,4%
Sonstiges	3,8%	1,6%

Gerade die ausschlaggebenden unfallverursachenden Momente wie „freiwillige Landung", „beim Rollen" fallen theoretisch vollkommen weg; dasselbe gilt von der Unfallsart „beim Start". Unfälle durch Notlandungen können infolge der Autorotation der Drehflügler ebenfalls herabgesetzt werden.
Die Versicherungskosten der NYA belasten die Beförderungsleistung mit öS 2,78 pro Flug-km, das sind 11,35% der Fahrkosten.

f) Die Haltungskosten, im besonderen die Gehälter des technischen und kaufmännischen Personals:

War bei den großen Gruppen der Fahrkosten eine relativ allgemeingültige Darstellung der einzelnen Kostenarten möglich, ohne dabei in den Fehler einer reinen Deskription der Kostengestaltung eines bestimmten Betriebes verfallen zu müssen, so ist dies bei den Haltungskosten, die im wesentlichen ein Spiegelbild einer bestehenden Organisationsform sind, viel schwerer möglich. Wir beschränken uns daher hierorts darauf, eine Zusammenstellung der bei der NYA anfallenden Personalkosten zu bringen; ihr Anteil an dem Gesamt der Fahrkosten beträgt 30%, an dem der Haltungskosten 65%. Wir verweisen dabei auf die Tatsache, daß sich bereits bei der Behandlung der Personalkosten des Bodenpersonals gezeigt hat, daß in Österreich das Lohnniveau des Flugpersonals nur ein Drittel des in den USA bestehenden erreichen dürfte.

[35]) C. H. Pollog, Aero-Revue 2/1943 p. 42.

Kostenrechnung und Betriebsabrechnungsbogen im Helikopterverkehr

1. Der zweigliedrige Betriebsabrechnungsbogen

Für die Durchführung der Kostenrechnung im BAB erweist sich eine zweifache Stellengliederung als notwendig. Die Zahl der Primärkostenstellen hängt z. T. von der Anzahl der verwendeten Flugzeugtypen ab. Die Rechnung vereinheitlicht sich, wenn ein einheitliches Fluggerät verwendet wird, wie zur Zeit bei der NYA, was jedoch nur im Anfang des Entwicklungsstadiums der Fall sein wird.

Es wird wohl keine Schwierigkeiten bieten, die Gesamtheit der Fahrkosten auf die Primärkostenstellen der einzelnen Flugzeugtypen aufzuteilen. Die Unterteilung der Haltungskosten in Wegsicherungs- und Abfertigungskosten wird jedoch nicht ausreichen, um das Stellengerüst in dieser Hinsicht eindeutig zu kennzeichnen. Die Bildung einer Zentralverwaltungsstelle — als Teil der Wegsicherungs- und Abfertigungsfunktion — die Errichtung von „Flugzeugdienst" und „Navigation" als Teile der Wegsicherung und von „Verkauf und Vertrieb" im Sinne der Abfertigungsfunktion werden bei der Erstellung der Primärkostenstellen diesbezüglich maßgebend sein.

Die Umlegung der an diesen Stellen angesammelten Kostenbeträge auf die Endkostenstellen „Relationen" geschieht bei den Primärkostenstellen Flugzeugdienst und Navigation indirekt über die Primärkostenstellen „Flugzeuge im Betrieb" nach einem Schlüssel, der Zahl der Landungen bzw. Flugstunden mal Maschinennenner kombiniert, und erst von dort in der Gesamtheit nach der Zahl der Flugstunden der einzelnen Flugzeugtypen für die beflogenen Relationen auf diese. Die Zentralverwaltung kann nach der Zahl der auf den einzelnen Relationen durchgeführten Flüge auf jene direkt überwälzt werden, wohingegen der Schlüssel für die Umlegung der Primärkostenstelle „Verkehr und Verkauf" auf die Endkostenstellen „Relationen" in der Zahl der verkauften Flugscheine zu finden sein wird. Aus der Zahl der für jede Relation angebotenen tkm ergeben sich sodann die Kosten je angebotener tkm jeder Relation. Diese Art der Kostenrechnung berücksichtigt die bei der Bedienung der einzelnen Relationen arteigene Inanspruchnahme des Stellengerüstes — auf die schon eingangs als eine Besonderheit des Transportbetriebes hingewiesen wurde — dessen zeitabhängige Kosten in Form der Haltungskosten über die Weggröße in mengenmäßige transformiert wurden.

Betriebsabrechnungsbogen einer Helikoptergesellschaft

Kostenarten	Zahlen der Bh.	Verteilung	Primärkostenstellen									Versuchs- und Ausbildungsflüge	Endkostenstellen					
			Allg. Stellen				Flugzeuge in Betrieb						Verchart. Maschinen	Relationen				
			Zentralverwaltung	Verkehr und Verkf.	Flugzeugdienst	Navigation	Bell 47-G	S - 55	S - 58	Andere	Gechart. Masch.			Strecke A	Strecke B	Strecke C	Strecke D	Sonderflüge
FAHRKOSTEN:																		
Personalkosten:																		
1 Gehälter der Piloten	/	Lt. G. Liste					/	/	/	/	/		/					
2 Fluggelder und Dépl.	/	Lt. Aufschr.					/	/	/	/	/		/					
3 Versicherungen	/	i. Verh. zu 2					/	/	/	/	/		/					
4 Nebenkosten	/	i. V. z. 1 u. 2					/	/	/	/	/		/					
5 Betriebsstoffe	/	Lt. Aufschr.					/	/	/	/	/		/					
Reparaturen und Unterhaltung von Flugmaterial																		
6 Ersatzteile etc.	/	Lt. M-Schein					/	/	/	/	/		/					
7 Monteur- und Hilfslöhne	/	Lt. L-Liste					/	/	/	/	/		/					
8 Nebenkosten	/	i. V. z. 7					/	/	/	/	/		/					
9 Fremdreparaturen	/	Lt. Rechng.					/	/	/	/	/		/					
Abschreibung auf die Flugzeuge:																		
10 Motore	/	Zeit- oder leistungsm.					/	/	/	/			/					
11 Zellen	/						/	/	/	/			/					
12 Wesentliche Bestandteile	/	von den invest. Werten					/	/	/	/			/					
Sonstige Fremdkosten:																		
13 Start- und Landegebühren	/	Lt. Aufschr.					/	/	/	/	/		/					

14 Chartergelder	/	Direkt									/						
15 Versicherungen	/	nach Objekt					/	/	/	/		/					
16 Steuern	/	n. inv. Werten bzw. km					/	/	/	/	(/)	/					
17 Kalkulatorische Zinsen		n. inv. Wert					/	/	/	/		/					
HALTUNGSKOSTEN:																	
18 Personalkosten	/	wie oben	/	/	/	/											
Betriebsstoffe:																	
19 Strom	/	n. kWh-Verbr.	/	/	/	/											
20 Gas	/	n. m³-Verbr.	/	/	/	/											
21 Wasser	/	n. m³-Verbr.	/	/	/	/											
22 Büromaterialien	/	Z. d. Angest.	/	/	/	/											
23 Prospekte, Flugpläne	/	direkt		/													
24 Rep. u. Unterhaltung d. Bodenanlagen	/	wie oben	/	/	/	/											
25 Abschreibung der Bodenanlagen	/	wie oben	/	/	/	/											
I Summe der allg. Stellen			/	/	/	/	/	/	/	/	/						
II Umlage Verwaltung i. V. d. Zahl der Flüge												>	/	/	/	/	/
III Umlage Verk. & Verkf. - Zahl d. Verk. Flüge												>	/	/	/	/	/
IV Umlage Flugzeugd. - Z. d. Landungen x Maschinennenner							/	/	/	/	/						
V Umlage Navigation - Z. d. Flugstd. x Maschinennenner							/	/	/	/	/						
VI Summe Flugz. i. Betrieb							/	/	/	/	/						
VII Umlage Bell 47 G - Zahl der Flugstunden												/ >	/	/	/	/	/
etc.												>					
a) Summe der Endkostenstellen													/	/	/	/	/
b) Totale der angeb. Tkm jeder Relation													/	/	/	/	/
c) Kosten je angeb. Tkm jeder Relation													/	/	/	/	/

2. Das Problem der Auflagengröße im Helikopterbetrieb

a) Allgemeines

Der Betrachtung der Kostengestaltung eines Betriebes hat notwendigerweise in irgendeiner Form die Aufzeichnung der Kostenentwicklung zu folgen. Es ist dies die Summe aller jener Betrachtungen, die die Untersuchung der Kostengestaltung im Hinblick auf das Wirtschaftlichkeitsprinzip zum Gegenstand haben. Bei der Besprechung der einzelnen Kostenarten bzw. Kostengruppen ist eine diesbezügliche Kostenentwicklung bereits gegeben worden. Hier handelt es sich jedoch darum, die Entwicklung der Gesamtkosten im Hinblick auf einen Tatbestand, nämlich der Reichweite im Flugbetrieb, zu untersuchen, der im Zusammenhang mit der Forderung des Wirtschaftlichkeitsprinzips unseres Wissens noch keine Beachtung gefunden hat. Loitlsberger ordnet den Komplex der Auflagengröße im Industriebetrieb als einen der Konkretisierungsformen des Wirtschaftlichkeitsprinzips dem Prinzip der „dynamischen Sparsamkeit" unter, das als Forderung nach Verwendung von möglichst vielen „unverbrauchten Mitteln" aufzufassen ist; diese Klassifikation der Auflagengröße möge auch für die Behandlung des Problems der optimalen Auflagengröße im Helikopterbetrieb den Rahmen abgeben.[36]) Das Problem der optimalen Auflagengröße im allgemeinen stellt sich dar als Frage nach der (kosten)optimalen Erstellung von Teilleistungen innerhalb von einer gegebenen Gesamtleistungsmöglichkeit. Diese Teilleistungen sind in der Industrie die Auftragsgrößen bei Serienfabrikation, im Flugbetrieb bzw. im Helikopterbetrieb im besonderen jene Reichweiten, deren in Abhängigkeit davon erzeugte Tonnenkilometergrößen minimale Kosten verursachen.

b) Die bisherige Behandlung des Problems der Auflagengröße

Betrachtungen über die optimale Auftragsgröße in Industriebetrieben sind schon verschiedentlich angestellt worden. Es geht dabei stets um folgendes: Mit jedem Auftrag entstehen jedes Mal Einrichtungskosten, also Kosten, die ausschließlich der Zahl der Auflagen proportional sind. Somit ergeben sich die Einheitskosten pro Stück aus den anteiligen Einrichtungskosten und den proportionalen Fertigungskosten; entstehen durch die Art der Fertigung Lagerkosten, so belasten auch sie anteilmäßig als Fixkostenteile jedes fertige Stück der Auflage. Von der richtigen Überlegung ausgehend, daß die Summe der Auflagenkosten (Einrichtungs- und Lagerkosten) eine Funktion der Auflagenhöhe, also der bezüglichen Stückzahl x sind, ergibt sich unter der ferneren Annahme der Differenzierbarkeit

---

[36]) Loitlsberger Dkfm. Dr. Erich: „Das Wirtschaftlichkeitsprinzip" (Analyse und Erscheinungsformen), Wien 1955, Manz'sche Verlags- und Universitätsbuchhandlung.

dieser Funktion ein Minimum an Einrichtungs- und Lagereinheitskosten durch Nullsetzung der ersten Ableitung. Mit anderen Worten, die durch einen Auftrag entstehenden fixen Auftragskosten sind durch die fragliche Ausbringungsmenge soweit in Degression zu bringen, daß sie zusammen mit den auftragsvariablen Kosten ein Minimum ergeben.

Unter Anwendung der Differentialrechnung haben Andler[37]), Weigmann[38]) und Meyer[39]) diesen Tatbestand in mathematischer Form ausgedrückt.

Dabei traten Unklarheiten in bezug auf die Anwendung dieser Formeln ein, so etwa bei Henzel[40]), was von Dürr[41]) zum Anlaß genommen wurde, die Anwendung der für die optimale Auflagengröße errechneten mathematischen Formeln hinsichtlich der durch die Art der Produktionsweise sowie des Zeitpunktes der Lieferung gegebenen Voraussetzungen zu prüfen.

Dürr unterscheidet in seinem angeführten Werk die offene und die abgeschlossene Produktionsweise. „Unter abgeschlossener Erstellungsweise verstehe ich eine solche, bei welcher die Serienfertigung in eine Anzahl Etappen zerfällt, so daß erst in der allerletzten Etappe fertige Produkte anfallen ... Demgegenüber wird bei der offenen Erstellungsweise ein Stück der Serie nach dem anderen zu Ende gefertigt ... Hier kann sofort nach Erstellung des ersten Stückes mit der Lieferung begonnen werden — praktisch vom Anfang der Serienfertigung an.[42]) Es entstehen in diesem letzten Falle auch keine zu berücksichtigenden Lagerkosten für die unfertige Produktion.

Was den Zeitpunkt der Lieferung betrifft, so kann die Ablieferung der bestellten Serie auf einen bestimmten Lieferungstag festgelegt sein; in diesem Fall erübrigt sich die Berechnung der kostenoptimalen Auflage — die ganze Serie wird so erstellt werden, daß sie gerade zum Zeitpunkt der Erfüllung lieferbar ist. Wird jedoch die Gestaltung

---

[37]) Andler: Rationalisierung der Fabrikation und optimale Losgröße, München 1929.

Andler: $\sqrt{\frac{E \cdot 200}{m \cdot p \cdot s}}$

E = Einrichtekosten
m = benötigte Stückzahl für den Verkauf (bzw. für die Erzeugung) im Monat
p = Monatszinsfuß = $1/12$ Jahreszins einschließlich Risiko
s = Stückkosten (Material + Lohn + Gemeinkosten)

[38]) Weigmann: Die Bestimmung der optimalen Losgröße, in „Technik und Wirtschaft" Jg.1936.

Weigmann: $\sqrt{\frac{e \cdot m}{s \cdot p} \cdot 49}$

e = Einrichtekosten
s = Herstellungskosten (ausschließlich Einrichtekosten)
p = Jahreszins + Wagnis
m = durchschnittlicher Umsatz in einem Zeitabschnitt

[39]) Meyer: Das Ertragsgesetz in der Industrie, Bern 1951.

Meyer: $\sqrt{\frac{E \cdot 200 \cdot J}{s \cdot p}}$

E = auflagefixe Kosten
J = Jahresbedarf in Stück
s = auflagevariable Kosten
p = Jahreszins (+ Wagnis + Lagerkosten)

[40]) Henzel: Die Lagerwirtschaft, Essen 1950, S. 55 ff.

[41]) Dürr Dr. Karl: Die Bemessung der Auflage in der Serienfabrikation. Arethusa-Verl., Bern 1952

[42]) Dürr: a. a. O. S. 6.

der Ablieferung der freien Wahl des Produzenten überlassen, so macht es einen Unterschied, ob die Serie in abgeschlossener oder offener Erstellungsweise produziert wird; die Bildung mehrerer Serien ist jedenfalls möglich. Im ersten Fall entstehen demnach Lagerkosten für die unfertige Produktion in der Höhe der halben Serie während der Dauer der Produktion; die Erstellungsdauer selbst ergibt sich aus der Auflagengröße x unter Berücksichtigung der Tageskapazität k. Die Lagerkosten pro Serie betragen daher

$$\frac{x^2 \cdot p}{2k};$$

die Einrichtungskosten betragen $\frac{E}{x}$, woraus sich der Ansatz

$$\frac{E}{x} + \frac{x^2 \cdot p}{2k}$$

ergibt, aus dem sich die Minimalbedingung

$$x = \sqrt{\frac{2E \cdot k}{p}}$$

errechnet. — Bei offener Erstellungsweise entstehen überhaupt keine Lagerkosten; Die Einrichtungskosten aber werden dadurch minimal, daß man die ganze Liefermenge in einer einzigen Serie erstellt. Dieser letzte Fall ist der Anknüpfungspunkt für die Betrachtung der Auflagengröße in Transportbetrieben des Flugwesens im allgemeinen, des Helikopterverkehrs im besonderen.

c) Optimale Auflagengrößen im Helikopterbetrieb

Ausgangspunkt für die Berechnung der Auflagengröße im Helikopterbetrieb ist die offene Erstellungsweise bei Ablieferung nach freier Wahl deswegen, weil hier wie dort keine Lagerung entsteht, sondern Produktion und Absatz gleichzeitig vor sich gehen und weil beiden die Erstellung der fertigen Leistung durch ein einziges Produktionsmittel gemeinsam ist, um eingangs noch bei der für die industrielle Betriebsweise zutreffenden Terminologie zu bleiben.

Die technisch optimale Reichweite als Auflagengröße

Es ist für die folgenden Betrachtungen von Wichtigkeit, sich zwei Merkmale im Luftverkehr im allgemeinen und im Hubschrauberverkehr im besonderen zu vergegenwärtigen, auf die die folgenden Betrachtungen zum Teil begründet sind. Im Luftverkehr sind zum Unterschied von den anderen Verkehrsmöglichkeiten Triebkraft und Transportgefäß vereinigt; mit Ausnahme der seltenen Anwendung von Lastenseglern bildet ein Vehikel auch eine Transporteinheit. Außerdem ist die Antriebsquelle während der Flugdauer isoliert;

von den wenigen strategisch bedeutsamen Phänomenen abgesehen, gibt es kein Auftanken in der Luft. Betriebstechnisch gesehen stellt damit der zwischen Start und Landung eines Flugapparates liegende Flug einen in sich abgeschlossenen Produktionsvorgang dar, der als tonnenkilometrisches Äquivalent, unabhängig von der Gewichtsauslastung, als Auflagengröße bezeichnet werden kann.

Wie weit ein Flugzeug ohne Zwischenlandung fliegen kann, hängt von seinem Kraftstoffverbrauch und der Größe seiner Nutzladefähigkeit ab. Dabei ist es theoretisch denkbar, daß die gesamte Nutzladekapazität für Treibstoffvorrat verwendet wird, wodurch sich eine maximale Reichweite mit einem tonnenkilometrischen Effekt von Null ergibt. Auch das andere Extrem mit dem gleichen Nulleffekt ist denkbar. Dazwischen liegen die von der Aufteilung der Nutzladefähigkeit in Treibstoffvorrat und Nutzlast abhängigen Phasen der tonnenkilometrischen Leistungserstellung, die dort ihr Maximum erreichen, wo sich Treibstoffvorrat und zur Verfügung stehender Laderaum die Waage halten. Die bei dieser Kilometerzahl erzielte Reichweite zeitigt die größte Transportarbeit, es ist die technisch optimale Reichweite x, die bei jedem Flugzeugmuster verschieden ist. Für die S-55 stellt sie sich, wie aus untenstehender Tabelle hervorgeht, bei 600 km ein.

km	Treibstoffverbrauch in kg	Nutzlast in kg	Transportarbeit t/km	Fahrkosten in öS insgesamt	Fahrkosten in öS pro t/km
10	7.5	892.5	8,925	255	28,3
20	15.0	885.0	17,7	510	28,6
50	37.5	862.5	43,125	1.275	29,5
100	75.0	825.0	82,50	2.550	30,9
200	150.0	750.0	150,0	5.100	34,0
400	300.0	600.0	240,0	10.200	42,5
600	450.0	450.0	270,0	15.300	56,7
800	600.0	300.0	240,0	20.400	85,0
1000	750.0	150.0	150,0	15.000	167,0
1200	900.0	—	—	30.600	—

Die tonnenkilometrische Fahrkostenprogression

Es erhebt sich jedoch sogleich die Frage, ob die technisch optimale Reichweite zugleich auch einen Kostenoptimalpunkt pro Tonnenkilometer darstellt. Das ist jedoch aus dem Grund zu vermeiden, da die Fahrkosten pro Tonnenkilometer stärker zunehmen als die mit zunehmender Kilometeranzahl bis zur optimalen Reichweite erstellten Tonnenkilometer. Eine graphische Darstellung dieser Beziehungen zeigt eine mit zunehmender Kilometerzahl immer stärker werdende Progression der die Tonnenkilometereinheit belastenden Kosten.

Fahrkosten pro Tonnenkilometer in Abhängigkeit von der Reichweite

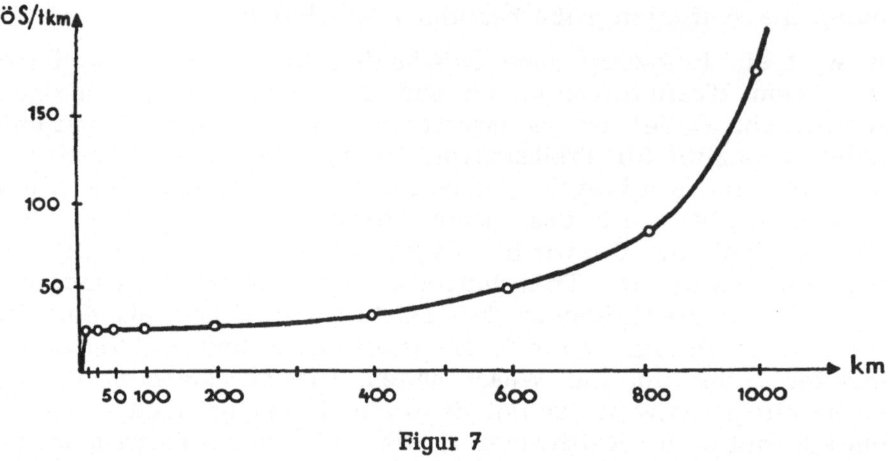

Figur 7

Unter Berücksichtigung der Fahrkosten schiene es daher am günstigsten, häufig kleine Entfernungen zu fliegen, da nur so eine niedrige Kostenentwicklung gehalten werden kann. Der Einwand, daß es unter diesen Umständen eigentlich am besten sei, überhaupt nicht zu fliegen, ist zweifellos sehr pointiert, aber dennoch indiskutabel, weil ja von der Voraussetzung ausgegangen wird, daß für jede in Frage kommende Reichweite ein entsprechendes Verkehrsaufkommen vorhanden sei, es sich aber darum handle, die Reichweite mit den niedrigsten Gesamteinheitskosten zu finden.

Der Bezugspunkt der größten Transportarbeit

Das Bestreben eines Flugbetriebes wird sein, immer die größte Transportarbeit des in Rede stehenden Flugapparates zu erreichen, aus dem einseitigen Grunde, daß dadurch die zeitgebundenen Haltungskosten auf die Einheit bezogen geringer werden. Diese größte Transportarbeit kann durch Befliegen der technisch optimalen Reichweite sofort erreicht werden, sie kann jedoch auch durch öfteres Befliegen kleiner oder größerer Distanzen zustandekommen.

Kostenrechnungsmäßig scheiden infolge der tonnenkilometrischen Fahrkostenprogression größere Entfernungen als die optimale Reichweite von vornherein aus. Kleinere Strecken kommen nur insofern zum Zuge, als die durch die anteiligen Haltungskosten erhöhte tonnenkilometrische Gesamteinheitskostenbelastung unter derselben der optimalen Reichweite liegt.

Abfertigungszeit und Kostendegression

Als Abfertigungszeit wird jener Zeitaufwand bezeichnet, der zur Beladung und Entladung betriebsbereiter Vehikel benötigt wird. Im Helikopterverkehr der S-55 werden dafür im allgemeinen fünf Minuten angesetzt. Diese Zeitspanne ist entscheidend. Sie belastet kurze Distanzen unverhältnismäßig hoch, so daß zur Erreichung der größten Transportarbeit bei kleinen Entfernungsabschnitten letzten Endes wesentlich mehr Zeit benötigt wird als zum Beispiel bei der technisch optimalen Reichweite. Stellt jedoch andererseits die technisch optimale Reichweite gleichzeitig den für die zu leistende größte Transportarbeit geringsten Zeitaufwand dar? Offenbar ist die optimale Gesamteinheitskostenbelastung dort zu finden, wo für die größte Transportarbeit der geringste Zeitaufwand benötigt wird; dies deshalb, weil dann die Belastung mit im wesentlichen zeitproportionalen Haltungskosten pro Tonnenkilometer am geringsten ist. Je mehr sich das Verhältnis von Fahrkosten zu Haltungskosten zugunsten der letzteren verschiebt, also in Betriebsperioden geringerer tonnenkilometrischer Gesamtleistung, desto größer wird die Notwendigkeit der Kenntnis dieser kostenoptimalen Reichweiten als Grundlage für den Ausbau von Relationen im Zusammenhang mit den gewählten Flugapparaten.

Zur Erläuterung des Vorhergesagten diene folgende Überlegung. Die größte Transportarbeit kann verschieden schnell geleistet werden. Je schneller sie geleistet wird, desto mehr Tonnenkilometer fallen insgesamt bei sonst gleichen Bedingungen in einem Beobachtungszeitraum an. Die im wesentlichen zeitproportionalen Haltungskosten kommen daher bei wachsender Tonnenkilometeranzahl in eine Degression. Würden in einem Flugbetrieb die Flugzeuge ständig unterwegs sein, so wären die Flugzeiten nur durch den Zeitaufwand für die Abfertigungshandlungen beeinflußt. Eine Relation von 10 km könnte bei einer gegebenen Fahrgeschwindigkeit von 145 kmh (wie sie die S-55 aufweist) und unter Berücksichtigung von je fünf Minuten für die Abfertigungshandlungen des Be- und Entladens alle vierzehn Minuten geflogen werden, wobei jedesmal eine Transportarbeit von rund neun Tonnenkilometern geleistet werden würde. Jedoch schon eine Relation von zwanzig Kilometern könnte in demselben Zeitraum von vierzehn Minuten bereits 13,3 Tonnenkilometer erbringen, wodurch eine geringere Zeitkostenbelastung / tkm sich ergibt. Nun wird aber nicht ständig geflogen; für die NYA im besonderen wurden 956,6 Flugstunden/Transporteinheit im Jahr errechnet, wobei 138.716,3 Flugkilometer erbracht worden sind. Die durchschnittliche Streckenlänge bei der NYA beträgt rund zwanzig Kilometer; es werden also 6.935 mal zwanzig Kilometer geflogen. Nach dem obigen ergibt sich somit ein Zeitaufwand von 6.935 mal

18 Minuten = 124.830 Minuten, wobei 122.750 Tonnenkilometer erstellt werden. Die entsprechenden Haltungskosten beliefen sich auf öS 3,634.545,—, woraus sich eine Tonnenkilometerbelastung an Haltungskosten von öS 29,60 ergibt. Eine Relation von fünfzig Kilometern kann in 30 Minuten beflogen werden, wobei 20 Minuten auf die Flugzeit und wiederum 10 Minuten auf die Abfertigungszeit entfallen. In einer gegebenen Zeitspanne von 124.830 Minuten kann diese Strecke 3.161 mal bedient werden, mithin 136.318 Tonnenkilometer erstellt werden, wodurch pro Tonnenkilometer öS 26,73 an Haltungseinheitskosten anfallen.

Je kleiner daher jenes Gesamt an Flug- und Abfertigungszeit im Verhältnis zur Tonnenkilometerleistung wird, desto geringer wird die Belastung mit Haltungseinheitskosten. Es findet dort seine Grenzen, wo eine größere tonnenkilometrische Leistung bereits mit einem Mehr an Zeit erstellt werden müßte, beziehungsweise wo die größte Transportarbeit mit dem geringsten Zeitaufwand geleistet werden kann.

Die Berechnung der zeitoptimalen Relation in Abhängigkeit von der konstanten Abfertigungszeit.

Es handelt sich nun darum, jene Reichweite innerhalb der möglichen eines Helikopters (im konkreten Fall der S-55) zu finden, durch die in kürzester Zeit die maximale Transportarbeit geleistet werden kann.

Bezeichnet man mit a die größte Transportarbeit, die es in kürzester Zeit zu erstellen gilt, mit b die gesamte zur Verfügung stehende Nutzladefähigkeit des in Rede stehenden Fluggerätes und mit c seinen Treibstoffverbrauch in Tonnen/km, so erhält man in dem Quotienten

$$\frac{a}{(b - cx) \, . \, x}$$

das bei der jeweiligen Reichweite x entstehende Verhältnis zwischen größter Transportarbeit und jener, die beim Kilometer x geleistet wird. Ferner bezeichnet man mit e die konstante Geschwindigkeit des Transportmittels in Minuten und mit f die konstante Abfertigungszeit, so ist

$$(ex + f)$$

der Zeitaufwand für die beim Kilometer x zu leistende Transportarbeit. Der Zeitaufwand, der zur Erstellung der größten Transportarbeit beim Kilometer x benötigt wird, ergibt sich dann aus dem Produkt

$$\frac{a}{(b - cx) \, . \, x} \, . \, (ex + f).$$

Man betrachtet somit die Zeit als Abhängige von der bei der Reichweite x zu erstellenden größten Transportarbeit, das heißt

$$y = \frac{aex + af}{bx - cx^2}.$$

Diese Zeit soll nun minimal werden, was durch Nullsetzung der ersten Ableitung erfolgt.

Reichweite km	t/km	Zeit pro Reichweite Minuten	Zeit insgesamt Minuten	Reichweiten insgesamt km	t/km insgesamt	Haltungskosten pro t/km	Fahrkosten pro t/km	Gesamtkosten pro t/km
10	8,925	14	124.830	8916	79.575	45,68	28,30	73,98
20	17,7	18	124.830	6935	122.750	29,60	28,60	58,20
50	43,125	30	124.830	3161	136.318	26,73	29,50	56,23
90	74,925	40	124.830	2714	203.346	17,87	30,64	48,50
100	82,5	50	124.830	2497	206.003	17,64	30,90	48,54
150	118,125	70	124.830	1783	210.617	17,25	32,38	49,63
200	150,0	90	125.830	1278	191.700	18,96	34,—	52,96
400	240,0	170	124.830	730	175.200	20,74	42,50	63,24
600	270,0	250	124.830	499	134.730	26,97	56,70	83,67
800	240,0	330	124.830	378	80.720	45,02	85,—	130,02
1000	150,0	410	124.830	304	45.600	79,70	167,—	246,70
1200	—	490	124.830	275	—	—	—	—

Aus der obenstehenden Tabelle wird ersichtlich, daß bei einer Reichweite von 150 Kilometer die größte Transportarbeit in der kürzesten Zeit erstellt werden kann, so daß sich auch bei dieser Streckenlänge die geringste Belastung mit anteiligen Haltungskosten/tkm ergibt.

Die Degressionskurve der Haltungseinheitskosten wird entsprechend dem Anteil der Haltungskosten an den Gesamtkosten in einer stärkeren oder schwächeren Kurve zu dem Minimum bei 150 km führen, so daß die gleichzeitig stärkere Progression der Fahreinheitskostenkurve zu keinem Minimum der Gesamteinheitskosten führen muß.

Die kostenoptimale Relation oder Auflagengröße

Im vorangegangenen wurde bisher die technisch optimale Auflagengröße besprochen, die mit einer Tonnenkilometerzahl von 270 bei 600 km liegt; von ihr wurde auf die zeitoptimale Auflagengröße übergegangen, die ein Minimum der Haltungseinheitskosten zufolge hat. Jene Relation oder Auflagengröße, bei der ein Minimum der Gesamteinheitskosten erreicht wird, bezeichnet man als die kostenoptimale Auflagengröße.

Bei der Ableitung der kostenoptimalen Relation bedarf man des Bezuges auf die größte Transportarbeit nicht mehr. Es geht jetzt vielmehr darum, jene Transportarbeit in Abhängigkeit der betreffenden Reichweite x zu leisten, die die geringsten Gesamteinheitskosten zufolge hat. Unter Beibehaltung der oben verwendeten Symbole bedarf man noch der Buchstaben d als Ausdruck der Fahrkosten/km, g für die Gesamtzeit und h für die Gesamthaltungskosten.

Die Progression der Fahreinheitskosten läßt sich im allgemeinen Ausdruck

$$\frac{d}{b - cx}$$

fassen. Die innerhalb der gegebenen Gesamtzeit g möglichen Reichweiten x können ausgedrückt werden durch

$$\frac{g}{ex + f},$$

somit die dabei geleisteten Gesamttonnenkilometer durch

$$\frac{g\,(b - cx)\,.\,x}{ex + f};$$

die Belastung an Haltungseinheitskosten bei einer Reichweite von x km ergibt daher

$$\frac{h\,(ex + f)}{gx\,(b - cx)}.$$

Daraus ergeben sich die Gesamteinheitskosten beim Kilometer x mit

$$y = \frac{d}{b - cx} + \frac{ehx + fh}{gx\,(b - cx)} + \frac{dgx + ehx + fh}{gx\,(b - cx)}.$$

Dieser Ausdruck stellt eine differenzierbare Größe dar, da sie aus einer Addition von Kurven mit jeweils bestimmter Progession und Degression gebildet wurde. Ihr Minimum wird durch Nullsetzung der ersten Ableitung gefunden.

Für b = 0,9 t, c = 0,00075 t, d = öS 25,50, e = 0,0067 Std., f = 0,167 Std. g = 2.080,5 Std., h = öS 3,634.545,— erhält man also rund 90 Kilometer.

Zusammenfassung und Schlußfolgerung

Bei allen Betrachtungen wurde davon ausgegangen, daß eine bestimmte Gesamtflugkilometerleistung bei bestimmten Relationslängen unter Berücksichtigung eines starren Zeitaufwandes für die Abfertigungshandlungen einen ganz bestimmten Gesamtzeitaufwand zur Folge hat. Diesem Zeitaufwand stehen Haltungskosten in einer bestimmten Höhe gegenüber. Ihre Höhe wurde als unabhängig von der Weite der Relationen angenommen. Betrachtet man die Zusammensetzung der Haltungkosten im einzelnen, so rechtfertigt sich diese Annahme im großen und ganzen. Innerhalb des Gesamtzeitraumes wird eine bestimmte, durch Abhängigkeit von der Reichweite, Geschwindigkeit und Abfertigungshandlungen stehende Gesamttonnenkilometerleistung erstellt, deren Division durch die Gesamthaltungskosten Haltungseinheitskosten pro Tonnenkilometer ergibt, die bei Erreichung der größten Transportarbeit in der kürzesten Gesamteinheitszeit von Flug- und Abfertigungszeit ihr Minimum erreichen. Sie . beeinflußt also die Gestaltung der Relationen im Hinblick auf die Größe der kostenoptimalen Auflagengröße umso stärker, je geringer der Anteil der Fahrkosten an den Gesamtkosten überhaupt ist, je schwächer sich die tonnenkilometrische Fahrkostenprogression gestaltet und je weniger geflogen wird. Bei der Annahme, daß auch bis zu einer gewissen Größe der Transporteinheit die Haltungskosten unverändert bleiben, wird daher beim Übergang von kleineren zu größeren Helikoptern die kostenoptimale Streckenlänge größer werden. In der gleichen Richtung wirken auch Geschwindigkeitsverbesserungen beim selben Fluggerät, während eine durch innerbetriebliche Rationalisierungsmaßnahmen erreichte Verkürzung der starren Abfertigungszeiten unter sonst gleichen Umständen die Streckenlänge negativ beeinflußt.

Zeit- und kostenoptimale Auflagengröße werden sich auf bestimmte Reichweiten fixieren und entsprechend den Gegebenheiten größere oder kleinere Unterschiede in der Gesamteinheitskostenbelastung zeigen. Je geringer diese Unterschiede sind, desto größer ist rein kostenmäßig gesehen die Möglichkeit, mehrere Relationen kostenminimal anzubieten, nämlich alle jene, die zwischen der zeit- und kostenoptimalen Auflagengröße liegen.

Es ist dann eine Frage der Marktbedingungen, welche Relationen wirklich geflogen werden können. Tatsache bleibt jedoch, daß ein solcher Helikopterbetrieb, der sich auf die kostenoptimalen Relationen eingestellt hat, den Tonnenkilometer für kürzere Distanzen teurer anbieten muß, und das nicht nur, weil er als Transportbetrieb zu den Mengenanpassern gehört, sondern weil die Kostengestaltung in Abhängigkeit von der Auflagengröße eine solche Tarifierung notwendig macht.

Zweck der Darstellung ist aber auch zu zeigen, daß die mit Angabe der technischen Daten zu errechnende größte Transportarbeit keineswegs jener Reichweite entspricht, die als kostenoptimale anzusprechen wäre.

Die Auftragsgröße liegt in der jeweiligen Festsetzung der Größe der täglichen Flugzeit für Fluglinienbetriebe mit deren Änderung sich auch die kostenoptimale Reichweite ändern wird. Durch die Festlegung der Relationen und der täglichen Flugzeit für Fluglinienbetriebe wird daher bei wahlweiser Einstellung von diese Relationen zu bedienenden Fluggeräten eine Prüfung dahingehend erfolgen müssen, daß ihre kostenoptimale Reichweite den festgelegten Linien und Flugzeiten entspreche.

Das Problem der Auslastung ist hier insoferne zweitrangig, als es bereits ein Problem der Marktgegebenheiten und nicht eines der Kostenrechnung darstellt. So wie jedoch bei der Fixierung der Relationen und Flugzeiten auf die Voraussetzungen des Marktes Rücksicht genommen wird und insoweit Markteinflüsse in die Kostenbetrachtung gelangen, wird sich auch die Prüfung der in Frage kommenden Flugzeuge im Hinblick auf die Adäquanz ihrer kostenoptimalen Reichweiten und der tatsächlichen vorhandenen Relationen nur auf solche erstrecken, die einem geschätzten Verkehrsaufkommen entsprechen.

Wenn im vorausgegangenen die anteiligen Gesamthaltungskosten für die Betrachtung der Auflagengröße im Flugbetrieb rechnungsmäßig berücksichtigt wurden, so stellt dies keinen Widerspruch zu der oben ausgesprochenen Feststellung dar, daß nur die mit dem jeweiligen Auftrag verbundenen fixen Kosten bei der Berechnung der optimalen Auflagenzahl zu beobachten seien. Die anteiligen Gesamthaltungskosten dienen ja nur dazu, um einen erklärbaren wertmäßigen Ausdruck für die Abfertigungszeiten zu erhalten, deren vorhandene Konstanz erst jene Unterschiede in der Bedienung der verschiedenen Reichweiten und damit erzielenden Transportarbeit bringen, die von einer kostenoptimalen Reichweite zu sprechen berechtigen.

LITERATURVERZEICHNIS

Andler, Rationalisierung der Fabrikation und optimale Losgröße, München 1929.

Böttger, W., Über Kostenrechnung und Preisbildung bei Transportbetrieben; Düsseldorf 1954.

Brüll-Grailer-Smetana, Das österreichische Eisenbahnbeförderungsrecht, Wien 1955.

Dürr, K., Die Bemessung der Auflage in der Serienfabrikation, Berlin 1952.

Fay, J., So fliegt ein Hubschrauber, München 1955.

Fayol, H., Allgemeine und industrielle Verwaltung, Berlin 1929.

Ginoux, Jean-J., Théorie des Hélicoptères Monorotores, Brüssel 1954.

Gutenberg, E., Grundlagen der Betriebswirtschaftslehre, Band 1 und 2, Berlin-Göttingen-Heidelberg 1955.

Hellauer, J., Nachrichten- und Güterverkehr, Wiesbaden 1951.

Henzel F., Die Lagerwirtschaft, Essen 1950.

James-Stroud, Die Beherrschung der Luft, Berlin 1954.

Jacobshagen, M., Die Selbstkosten im Luftverkehr; in „Forschungsergebnisse ...", München 1930.

Illetschko, L. L., Betriebswirtschaftliche Grundfragen, Wien 1953
Praktische Kostenrechnung, Wien 1954.
Transportbetriebswirtschaft im Grundriß, Wien 1956.

Karusek, O., Entwicklung der österreichischen Luftverkehrs A. G., Wien 1945.

Karstedt, E., Grundlagen, Stand und Probleme des Luftverkehrs in Deutschland und Europa nach dem Jahre 1945. Diss. Nürnberg 1952.

Loitlsberger, E., Das Wirtschaftlichkeitsprinzip, Wien 1955.

Mellerowicz, K., Kosten und Kostenrechnung, Berlin 1951.

Meyer, Arnold, Das Ertragsgesetz in der Industrie, Bern 1952.

Meyer, Alex, Internationale Luftfahrtsabkommen, Köln-Berlin 1953.

Nievergelt, W., Subventionierung des Luftverkehrs, Zürich 1936.

Oberparleiter, K., Funktionen und Risiken des Warenhandels, Wien 1956.

Pirath, K., Grundlagen der Verkehrswirtschaft, Berlin-Göttingen-Heidelberg 1949.

Rössger, E., Gedanken über einen neuen deutschen Luftverkehr, Köln-Opladen 1955.

Rummel, K., Einheitliche Kostenrechnung, Düsseldorf 1949.

Saint-Exupéry, Vol de Nuit, Paris 1931.

Sax, Allgemeine Verkehrslehre, Berlin 1918.

Schäfer, E., Grundlagen der Marktforschung, Nürnberg 1940.

Schleicher-Reymann, Recht der Luftfahrt, Berlin-Köln 1954.

Schmalenbach, E., Dynamische Bilanz, Bremen-Horn 1948.

Schneider, Industrielles Rechnungswesen, Tübingen 1954.

SNCASO, Le Djinn, Paris 1955.

Stahlberg, Organisation und betriebswirtschaftliche Grundprobleme der deutschen Handelsluftfahrt, Diss. Frankfurt/Main 1931.

Sommer, G., Selbskostenermittlung im Verkehrswesen, Verkehrstechnische Woche, Berlin 1918.

Stauffer, Th., Beitrag zur Kostenlehre des Luftverkehrsbetriebes, Zürich 1945.

Walther, A., Einführung in die Wirtschaftslehre der Unternehmung, Band I. Der Betrieb, Zürich 1947.

Weigmann, Die Bestimmung der optimalen Losgröße, in „Technik und Wirtschaft" Jahrgang 1936.

Wegerdt, A., Deutsche Luftfahrtgesetzgebung, München 1955.

Williams, Samuel C., Reports on the Helicopter; the Helicopter and its Role as a Transport Vehicle; Hoboken (New Jersey) 1955.

ZEITSCHRIFTEN

a) Österreichische:

Der Verkehr (1949 — 1956)

b) Ausländische:

Aeroplane (1949 — 1955)

Aerorevue (1942)

American Aviation (1950 — 1956)

American Helicopter (1953 — 1956)

Aviation Week (1955)

Europaverkehr (1954 — 1956)

Flieger, Der (1954 — 1956)

Flight (1955 — 1956)

Flying (1956)

Forschungsergebnisse des Verkehrswissenschaftlichen Institutes für Luftfahrt an der Technischen Hochschule Stuttgart, Hefte 2 — 5, 7 — 12, 14 — 17.

Interavia (1950 — 1956)

Schweizerisches Archiv für Verkehrswissenschaft und Verkehrspolitik (1949 — 1956)

Zeitschrift für Flugwissenschaft (1955).

INHALTSVERZEICHNIS

BISHER ERSCHIENEN FOLGENDE BÄNDE:

Transport-Betriebswirtschaft im Grundriß

von o. Prof. Dr. L. L. Illetschko, Vorstand des Instituts für Transportwirtschaft an der Hochschule für Welthandel in Wien.
Inhalt: Transportmittel und Transportverfahren — Die Elemente der Verrechnungslehre — Die Hauptstücke der Organisationslehre — Die Hauptprobleme der Markt-(Verkehrs-)Lehre
210 Seiten Ladenpreis S 114,—

Betriebswirtschaft und Öffentlicher Verkehr

Mit Beiträgen von Sekt.-Leiter Dr. Karl Janda — Gen.-Dir. Dr. Benno Schaginger — Gen.-Dir. Dr. Maximilian Schantl — Sekt.-Chef Dr. Ernst Steiner-Haldenstätt
72 Seiten Ladenpreis S 45,—

Das Problem der Straßenkostenrechnung

von Dkfm. Dr. Paul Hassler
Inhalt: Aufbringung der Straßenkosten — Zurechnungsproblem — Problem der Eigenwirtschaftlichkeit — Straßenkosten und Koordination der Verkehrsmittel
80 Seiten Ladenpreis S 60,—